Johannes Barz

Untersuchung des Einflusses von verschiedenen Erdölanteilen im Formationswasser auf die Spaltkorrosion verschiedener metallischer Werkstoffe

GRIN Verlag

Bibliografische Information der Deutschen Nationalbibliothek:

Die Deutsche Bibliothek verzeichnet diese Publikation in der Deutschen Nationalbibliografie; detaillierte bibliografische Daten sind im Internet über http://dnb.d-nb.de/ abrufbar.

Impressum:

Druck und Bindung: Books on Demand GmbH, Norderstedt Germany
ISBN: 978-3-640-72296-9

Dieses Buch bei GRIN:

http://www.grin.com/de/e-book/158937/untersuchung-des-einflusses-von-verschiedenen-erdoelanteilen-im-formationswasser

HELMUT SCHMIDT UNIVERSITÄT
Universität der Bundeswehr Hamburg

Johannes Barz

Untersuchung des Einflusses von verschiedenen Erdölanteilen im Formationswasser auf die Spaltkorrosion verschiedener metallischer Werkstoffe

Diplomarbeit im Fachgebiet:

Schadensforschung und Schadensverhütung - Korrosion - Hamburg 2010

Institut für Schadensforschung
und Schadensverhütung ISSV e.V.

Diplomarbeit zum Thema:

Untersuchung des Einflusses von verschiedenen Erdölanteilen im Formationswasser auf die Spaltkorrosion verschiedener metallischer Werkstoffe

Johannes Barz
cand. mach.
Maschinenbau 2006

Abgabe: April 2010

Fakultät für Maschinenbau
Helmut-Schmidt-Universität / Universität der Bundeswehr Hamburg

Kurzfassung

Multiphasenpumpen werden vor allem in der Erdölförderung eingesetzt. Die Wellen-Naben-Verbindungen von modernen Multiphasenpumpen bestehen in der Regel aus zwei verschiedenen Chrom- Nickel- Stählen. Eine mögliche Kombination ist z.B., dass die Welle und die Spannmutter aus 1.4542 und die Schraubenspindel aus 1.4462 gefertigt werden. Bei dieser Kombination kann im Einsatz Spaltkorrosion auftreten, wodurch die Festigkeit der Welle herabgesetzt wird. Dadurch sind unerwartete Ausfälle und Zerstörungen, auch mit Personenschäden, möglich. Im Rahmen der Arbeit wird untersucht, wie sich verschiedene Erdölanteile im Formationswasser auf die Spaltkorrosion auswirken. Zur Durchführung der Versuche wurde eine Spaltkorrosionsmesszelle entwickelt, in welcher reale Bedingungen nachgestellt werden können. Während der Versuche wurde mit realem Formationswasser und Erdöl jeweils aus der Mittelplate gearbeitet. Die Versuche wurden bei einer Drehzahl von 1480 $\frac{1}{min}$ und Temperaturen von Raumtemperatur bis zu 70 °C durchgeführt.

Als Ergebnis dieser Diplomarbeit wird gezeigt, wie Erdöl mit dem realen Formationswasser vermischt und wieder getrennt wird. Dabei wurden die Temperaturen und der Erdölanteil im Elektrolyt variiert. Es wurde untersucht, bei welchem Erdölanteil und bei welchen Temperaturen keine Korrosion mehr auftritt. Die Ergebnisse spiegeln den Erdöleinfluss auf die gemessenen Korrosionsströme im Vergleich zu reinem realen Formationswasser wieder. Außerdem wird gezeigt, welcher der beiden Stähle in dieser Zusammensetzung anodisch in Lösung geht.

Inhaltsverzeichnis

Literaturverzeichnis

A. Aloui

Untersuchung des Einflusses von unterschiedlichen Ölen, bei verschiedenen Temperaturen auf den Korrosionsstrom in einem Pumpenspalt

Helmut Schmidt Universität, Diplomarbeit 2006

A. Große

Untersuchungen bezüglich der Leitfähigkeit von Multiphasenflüssigkeiten verschiedener Zusammensetzungen im Pumpenspalt einer Schraubenspindelpumpe in Abhängigkeit der Drehzahl

Helmut Schmidt Universität, Diplomarbeit 2006

H. Henke

Untersuchung des Spaltkorrosionsverhalten eines rotierenden Bauteils

Helmut Schmidt Universität, Diplomarbeit 2009

S. Kabelac

Vorlesungsreihe „Thermodynamik der energiewandelnden Prozesse“

Helmut Schmidt Universität 2009

O. Klein

Errosionskorrosion Teil 1, Powerpointpräsentation

Helmut Schmidt Universität 2009

Thomas Nassauer

Schriftliche Ausarbeitung des Experimentalvortrages zum Thema „Korrosion und Korrosionsschutz

Philipps-Universität Marburg 1999

G. Pompe

Binäre Phasensysteme

Helmut Schmidt Universität, Studienarbeit 2007

M. Röhnke
Untersuchung des Spaltkorrosionsverhaltenszwischen den Werkstoffen 1.4462 und 1.3974 beim Einsatz in rotierenden Bauteilen
Helmut Schmidt Universität, Studienarbeit 2009

J. Sigmund
Löslichkeitsuntersuchungen von Erdöl/ Formationswasseremulsionen
Helmut Schmidt Universität, Studienarbeit 2008

DIN EN ISO 8044 (ehemals DIN 50900 Teil 1)
Korrosion von Metallen und Legierungen - Grundbegriffe und Definitionen
Ausgabe: 1999-11

Stahlschlüssel 2006

http://www.artikelpedia.com/artikel/chemie/1/erdl--frderung-vorkommen-60.php
März 2010

http://www.bornemann.com/ 23
Februar 2010

http://www.flowserve.com/files/Files/Images/Products/Pumps/fpd-3a_main.jpg
Februar 2010

http://www.quiminet.com/archivos_empresa/8d3e927a15ba068a4d79a8e8121df297.pdf
Februar 2010

http://www.schweizer-fn.de/stoff/v2_start_stoff.htm
Stand 08.07.2009

http://www.uni-kiel.de/anorg/bensch/lehre/Dokumente/versuch_k3_emulsionen.pdf
Stand 1997

Abbildungsverzeichnis

Abkürzungsverzeichnis

Abkürzung	Bedeutung
Ag/AgCl- Elektrode	Silber/ Silberchlorid- Elektrode
D	Diffusionskoeffizient $\frac{m^2}{s}$
F	Faradaykonstante $\frac{As}{mol}$
i	Korrosionsstromdichte $\frac{mA}{cm^2}$
ISSV e.V.	Institut für Schadensforschung und Schadensverhütung
LM	Lichtmikroskop
MPP	Multiphasenpumpe
POM	Polyoxymethylen
Ref.- Elektrode	Referenzselektrode
RFW	Reales Formationswasser
RT	Raumtemperatur
O/W- Emulsion	Öl- in Wasser- Emulsionen/ engl. oil- in water- emulsion
SKMZ	Spaltkorrosionsmesszelle
W/O- Emulsion	Wasser- in Öl- Emulsionen/ engl. water- in oil- emulsion
ZRA	engl. Zero Resistance Ammeter/ dt. 0 Ohm- Amperemeter

1. Einleitung

Erdöl ist der wichtigste Energieträger im Primärenergieverbrauch in der Bundesrepublik Deutschland. Mit einem Anteil von circa 35% an der Gesamtprimärenergienutzung ist es zurzeit und in mittelbarer Zukunft unersetzbar.[1] Da die Erdölvorkommen weltweit begrenzt sind und die Anzahl von leichtzugänglichen Quellen immer kleiner wird, ist es wichtig neue Fördermethoden zu entwickeln, um neue schwerer zugängliche Quellen, z.B. in der Tiefsee oder in der Antarktis, zu erschließen. Bei den herkömmlichen Fördermethoden wird das Multiphasengemisch aus Öl, Gas und andern Bestandteilen unter Ausnutzung des vorhandenen Lagerstättendrucks gefördert. Wenn der Druck nicht mehr ausreicht, muss die Quelle geschlossen werden, obwohl sie noch lange nicht erschöpft ist. Deshalb werden nun Multiphasenpumpen (MPP) eingesetzt. Mit Hilfe des Einsatzes von MPP ist es möglich, den vorhanden Lagerstättendruck zu erhöhen, Druckschwankungen auszugleichen, eine gleichbleibende Fördermenge zu garantieren und eine bessere Ausbeute der Hydrokarbonreserven zu erzielen.[2] In der Abbildung 1-1 ist eine MPP im Teilschnitt abgebildet.

Abbildung 1-1 MPP im Teilschnitt[3]

Da MPP immer häufiger in schwer zugänglichen Regionen, unter klimatisch schwierigen Umweltbedingungen oder in besonders geschützten Regionen eingesetzt wer-

[1] S. Kabelac, Vorlesungsreihe „Thermodynamik der energiewandelnden Prozesse“, Hamburg 2009

[2] http://www.bornemann.com/ 23. Februar 2010

[3] http://www.flowserve.com/files/Files/Images/Products/Pumps/fpd-3a_main.jpg

den, ist den Betreibern besonders an langen Standzeiten und an einem störungsfreien Betrieb der Anlagen gelegen. Somit müssen die MPP besonders robust und wartungsarm gefertigt werden, da Instandsetzungsarbeiten sehr zeit- und kostenintensiv sind, wodurch die Anlagen ineffizient werden können.

In diesem Zusammenhang untersucht das ISSV e.V. verschieden Werkstoffe auf ihr Spaltkorrosionsverhalten, weil Spaltkorrosion eine wesentliche Ursache für den Ausfall oder das Versagen von MPP sein kann. Spaltkorrosion kann überall dort auftreten, wo korrosive Medien in Kontakt mit Spalten an metallischen Werkstoffen kommen. Dies können konstruktive Spalte, Spalte in Flanschverbindungen oder Spalte zwischen Verschraubungen sein. Somit kann Spaltkorrosion bei MPP zwischen den Werkstoffen der Welle, den Schraubenspindeln, den Spannmuttern und den Dichtelementen auftreten. Die eben genannten Bauteile sind in Abbildung 1-2 im Vollschnitt zu sehen.

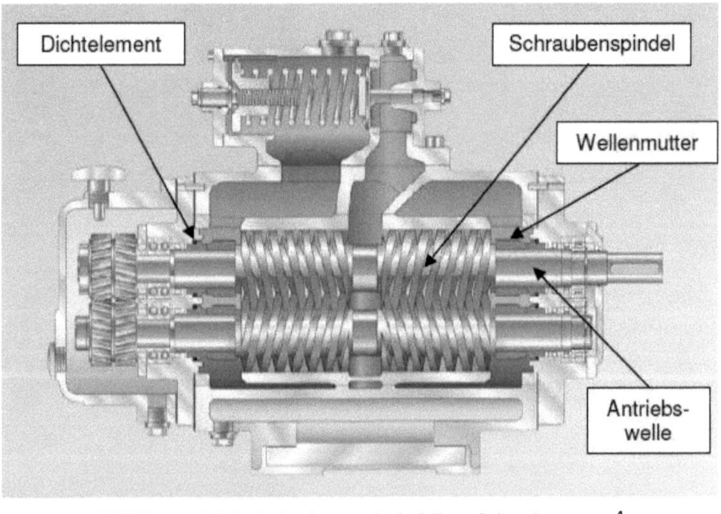

Abbildung 1-2 Vollschnitt einer zweispindeligen Schraubenpumpe[4]

Im Rahmen dieser Diplomarbeit wird das Spaltkorrosionsverhalten der beiden Werkstoffe 1.4462 (X2CrNiMoN22-5-3) für die Schraubenspindel und 1.4542 (X5CrNiCuNb16-4) für die Welle und die Spannmutter in einem Multiphasengemisch aus Erdöl und realen Formationswasser jeweils aus der Mittelplate untersucht. Das

[4] http://www.quiminet.com/archivos_empresa/8d3e927a15ba068a4d79a8e8121df297.pdf

Ziel ist es herauszufinden, ab welchem Erdölanteil bei verschiedenen Temperaturen die Korrosion komplett inhibiert ist.

2. Theoretische Grundlagen

2.1 Korrosion

Der Begriff Korrosion ist im Volksmund weitgehend unter dem Begriff des „Rostens“ bekannt. Hinter dem Begriff verbirgt sich aber weit mehr als nur das „Rosten von Eisen“.

Der Begriff Korrosion kommt aus dem Lateinischen und bedeutet in der Übersetzung zernagen, zerfressen. Eine allgemeine Definition könnte wie folgt lauten: „Korrosion ist eine qualitätsmindernde Veränderung bei Werkstoffen durch Reaktionen mit ihrer Umgebung, die bis zur vollständigen Zerstörung der Werkstoffe führen kann."[5] Eine andere Definition ist: „Korrosion ist die Reaktion eines metallischen Werkstoffes mit seiner Umwelt, die den Werkstoff messbar verändert und die Funktion eines metallischen Bauteils oder eines ganzen Systems beeinträchtigen kann.“[6] Im Groben wird zwischen drei Teilbereichen der Korrosion unterschieden. Zum einen die physikalische Korrosion, die chemische Korrosion und die elektrochemische Korrosion in wässrigen Medien, auf welche in dieser Arbeit weiter eingegangen werden soll.

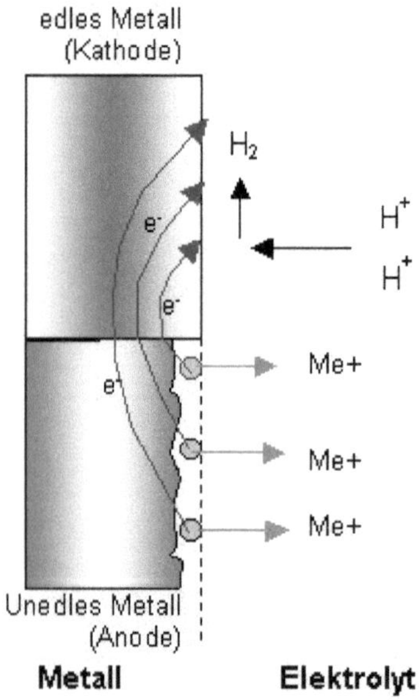

Abbildung 2-1 Funktionsweise elektrochemische Korrosion[7]

In Abbildung 2-1 ist die Funktionsweise der elektrochemischen Korrosion schematisch dargestellt.

Für die elektrochemische Korrosion wird ein ionenhaltiges wässriges Elektrolyt in Kontakt mit einem Metall benötigt und sie besteht aus mindestens zwei voneinander abhängigen Teilreaktionen. Diese sind durch die Elektronenleitfähigkeit des Elektrolyts und

[5] Thomas Nassauer, Schriftliche Ausarbeitung des Experimentalvortrages zum Thema „Korrosion und Korrosionsschutz“, 1999

[6] DIN 50900

[7] O. Klein, Errosionskorrosion Teil 1, Powerpointpräsentation, Helmut Schmidt Universität 2009

der Metalle voneinander räumlich trennbar. Die erste Teilreaktion ist die anodische Oxidation. Hierbei werden die Metallatome zu Metallionen oxidiert. Die zweite Teilreaktion ist die kathodische Reduktion. Diese Reaktion ist abhängig vom umgebenden Milieu. Ist das Umfeld neutral bis schwach alkalisch, so findet Sauerstoffkorrosion statt. Dabei wird der im Elektrolyt gelöste Sauerstoff unter Aufnahme von Elektronen und der Gegenwart von Wasser zu Hydroxidionen reduziert. In neutralen bis schwach alkalischen Milieus bei Sauerstoffmangel wird der Wasserstoff im Wassermolekül zu elementarem Wasserstoff reduziert und es entstehen Hydroxidionen. Solche Bedingungen herrschen häufig in salzhaltigem Öl, Gas und Wassergemischen. In einem sauren Milieu findet Wasserstoffkorrosion statt. Dabei wird ein Hydroniumion unter Aufnahme von Elektronen zu elementarem Wasserstoff reduziert, wobei Wasser als weiteres Produkt entsteht.[8]

Wenn Werkstoffe mit verschiedenen Stellungen in den Spannungsreihen zusammengeführt werden, wird das edlere Metall bevorzugt für die kathodische Reaktion dienen. Dieses Metall wird als Kathode bezeichnet. Das unedlere Metall hingegen geht die anodische Reaktion ein und reagiert mit einer erhöhten Auflösungsrate; dieses Metall wird Anode genannt. Das edlere Metall wird durch das unedlere Metall geschützt.[9]

Es gibt unterschiedliche Arten von Korrosion; jede hat ihre charakteristischen Ursachen. In Abbildung 2-2 sind die wesentlichsten von ihnen abgebildet.

---

[8] Thomas Nassauer, Schriftliche Ausarbeitung des Experimentalvortrages zum Thema „Korrosion und Korrosionsschutz“, 1999

[9] A. Große, Untersuchungen bezüglich der Leitfähigkeit von Multiphasenflüssigkeiten verschiedener Zusammensetzungen im Pumpenspalt einer Schraubenspindelpumpe in Abhängigkeit der Drehzahl, Diplomarbeit 2006

Korrosionsarten		Korrosionserscheinungen
ohne mech. Beanspruch.	mit mech. Beanspruch.	
gleichmäßige Flächenkorr.	Spannungsrisskorrosion	gleichmäßiger Flächenabtrag
Muldenkorrosion	Schwingungsrisskorrosion	Muldenfraß
Lochkorrosion	drehungsinduzierte Korr.	Lochfraß
Spaltkorrosion	Erosionskorrosion	Korrosionsrisse
Kontaktkorrosion	Kavitationskorrosion	fadenförmige Angriffsform
selektive Korrosion	Reibkorrosion	selektive Angriffsform
Anlaufen		interkristalline Angriffsform
Verzunderung		Spongiose
innere Korrosion		Entzinkung

Abbildung 2-2 Tabelle Korrosionsarten[10]

Die in der Arbeit maßgebliche Art der Korrosion ist die Spaltkorrosion, auf welche im nächsten Abschnitt näher eingegangen wird..

2.2 Spaltkorrosion

Spaltkorrosion tritt, wie der Name schon sagt, örtlich verstärkt in Spalten auf. Es können konstruktive Spalte, wie in Flanschverbindungen und zwischen Verschraubungen, aber auch Spalte unter Ablagerungen oder unter sich lösenden Oberflächenbeschichtungen sein. Die Korrosion erstreckt sich über den kompletten Spalt und findet besonders am Spaltgrund statt. Durch die Korrosion wird Material abgetragen, wodurch sich der Spalt aufweiten kann. Häufig ist Spaltkorrosion nur zu erkennen, wenn sich an der Öffnung außerhalb des Spaltes Korrosionsprodukte bilden. Dies ist besonders bei unlegierten oder niedrig legierten Stählen der Fall. Bei hochlegierten, korrosionsbeständigen Stählen oder anderen korrosionsbeständigen Metallen ist die Spaltkorrosion vielfach erst nach Öffnung des Spaltes zu sehen. Dadurch wird sie immer wieder erst nach Durchbrüchen oder ähnlichen Schadensfällen entdeckt.

Spaltkorrosion entsteht grundlegend aufgrund von zwei Mechanismen. Im ersten Fall ist es die „Spaltkorrosion durch Ausbildung von Belüftungselementen“(siehe Abbildung 2-3). Diese ist bei unlegierten und niedriglegierten Stählen die häufigste Ursache für Spaltkorrosion. Hierbei ist durch die Geometrie des Spaltes ein Eindringen von Sauerstoff in den Spalt erschwert, so dass Spalte weniger gut „belüftet“ sind als

[10] H. Henke, Untersuchung des Spaltkorrosionsverhalten eines rotierenden Bauteils, Diplomarbeit 2009

die restliche Metalloberfläche. Der Spalt bildet eine Lokalanode, an welcher Eisen in Lösung geht. Durch Hydrolyse der Korrosionsprodukte im Spalt sinkt der pH-Wert der Elektrolytlösung. Sie wird saurer. Die Elektronen, welche durch die Auflösung des Eisens frei werden, werden von dem gelösten Sauerstoff durch Bildung von Hydroxidionen an den kathodischen Stellen außerhalb des Spaltes aufgenommen.[11]

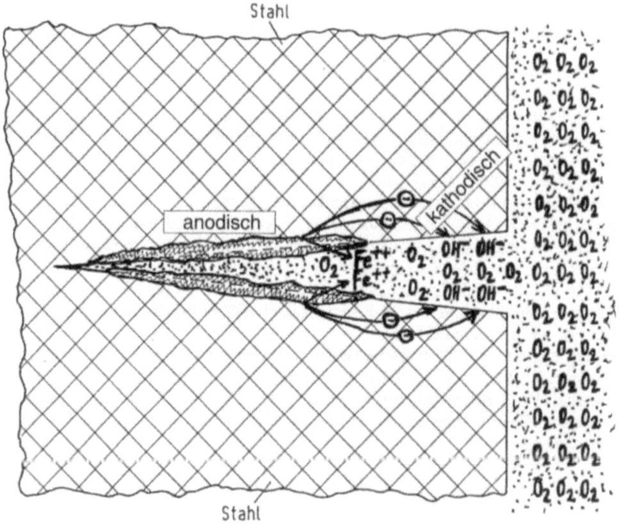

Abbildung 2-3 Belüftungselement[11]

Der zweite Mechanismus ist die „Spaltkorrosion an passiven Werkstoffen durch Ausbildung von Konzentrationselementen". Veranschaulicht wird dieser in der Abbildung 2-4. Bei dem Mechanismus kommt es dazu, dass Verunreinigungen im Spalt Chloridionen aus dem Elektrolyt absorbieren. Dadurch kommt es zu einem Konzentrationsgefälle, so dass sich im Spalt eine derart hohe Konzentration von Chloridionen bildet, wodurch die Passiveigenschaften des Metalls verloren gehen. Im Spalt findet dann die anodische Reaktion statt und außerhalb des Spaltes die kathodische Reaktion. Auch hier hydrolysieren die Korrosionsprodukte im Spalt, wodurch sich der pH-Wert senkt und der Korrosionsangriff verstärkt wird. Zum anderen ist die anodische Fläche im Spalt viel kleiner als die kathodische Fläche außerhalb des Spaltes, wo-

[11] H. Henke, Untersuchung des Spaltkorrosionsverhalten eines rotierenden Bauteils, Diplomarbeit 2009

durch die Korrosion im Spalt weiter begünstigt wird. Diese Form der Spaltkorrosion tritt vor allem bei hochlegierten Stählen auf. Das Verhältnis aus Spaltbreite und Spalttiefe haben einen großen Einfluss auf den Ablauf der Korrosion. Bei nichtrostenden Stählen wird die Spaltkorrosion noch verstärkt bei Kontakt mit nichtmetallischen Bauteilen wie auch unter Ablagerungen und Oberflächenversiegelungen.

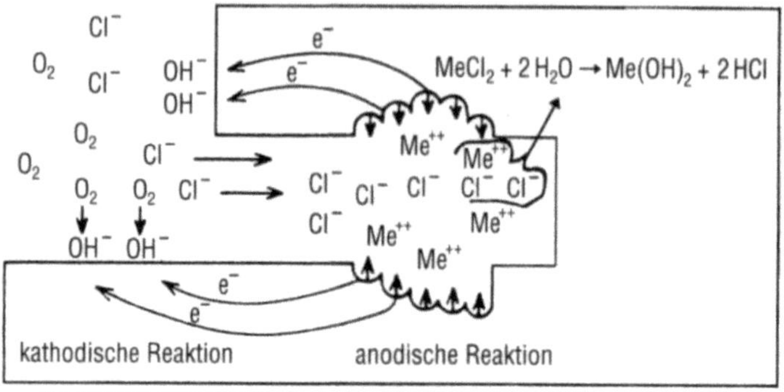

Abbildung 2-4 Spaltkorrosion an passiven Werkstoffen durch Ausbildung von Konzentrationselementen[12]

2.3 Passivierung

Wenn die an der Anode austretenden Metallionen mit dem Elektrolyt reagieren, kann es zu einer Passivierung kommen. Es geschieht durch Korrosionsprodukte, welche je nach Metall und Korrosionsbedingungen einen dünnen aber dichten Film auf der Oberfläche der Anode bilden können. Die Schicht ist chemisch stabil und verhindert, dass weitere Metallionen aus der Anode im Elektrolyt in Lösung gehen können. Dadurch inhibiert die Korrosionsreaktion. Die Passivschicht ist nicht unbegrenzt haltbar oder beständig. Die Schicht kann durch mechanische, chemische oder elektrochemische Vorgänge zerstört werden, z.B. durch ein hohes Potential, oder eine Verringerung des pH-Wertes. Ist das der Fall läuft die anodische Reaktion wieder ungehindert weiter.

2.4 Diffusionsgrenzschichtdicke

Es gibt drei Arten des Stofftransportes in Flüssigkeiten. Als erstes gibt es die Diffusion. Sie beschreibt die Bewegung von Teilchen durch thermodynamische Eigenbe-

[12] H. Henke, Untersuchung des Spaltkorrosionsverhalten eines rotierenden Bauteils, Diplomarbeit 2009

wegungen. Als zweites die Migration, welche die Bewegung aufgrund von elektromagnetischen Feldern beschreibt. Als drittes gibt es die Konvektion. Diese beschreibt die Bewegung von Teilchen aufgrund von lokalen Dichtegradienten.[13] Im folgendem soll weiter auf die Diffusion und die Diffusionsgrenzschichtdicke eingegangen werden, weil der Einfluss der Diffusion auf die Bewegung der Teilchen am größten ist. In Abbildung 2-5 ist die Ausbildung der Diffusionsgrenzschicht an der Kathode anhand einer Wasserstoffreaktion dargestellt.

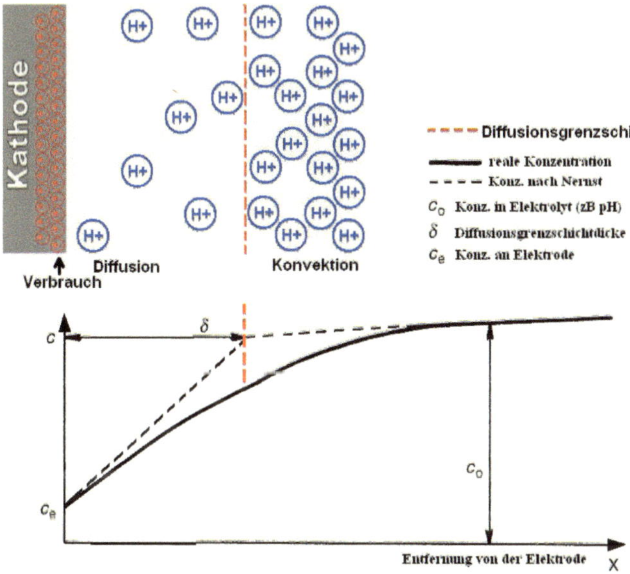

Abbildung 2-5 Ausbildung der Diffusionsgrenzschicht[13]

Durch Diffusion werden die Edukte zur kathodischen Reaktion transportiert und die Produkte von der anodischen Reaktion abtransportiert. Die Reaktionsgeschwindigkeit und somit die Geschwindigkeit der Korrosion hängt von der Dicke der Diffusionsgrenzschicht und den Konzentrationen im Elektrolyt und an der Elektrode ab. Gleichung 1 zeigt die Abhängigkeiten.

---

[13] O. Klein, Errosionskorrosion Teil 1, Powerpointpräsentation, Helmut Schmidt Universität 2009

$$i = D \cdot z \cdot F \cdot \frac{dc}{dx} = D \cdot z \cdot F \cdot \frac{c_0 - c_e}{\delta} \qquad (1)^{14}$$

Die Korrosionsstromdichte *i* wird umso größer, je kleiner die Diffusionsgrenzschichtdicke und c_e ist. Die Diffusionsgrenzschichtdicke hängt ab von der Temperatur, von der Strömungsgeschwindigkeit und auch von der Viskosität des Elektrolyts.

2.5 Löslichkeit von Erdöl und Formationswasseremulsionen

Bei der Förderung von Erdöl wird immer ein Gemisch aus elektrolythaltigen Formationswasser, Sand, Gestein und Erdöl gefördert. Erdöl selber besteht aus vielen verschiedenen Bestandteilen und die Zusammensetzung ist an jedem Förderort unterschiedlich. Erdöl ist eine gelbe bis schwarze viskose Flüssigkeit mit Dichten zwischen 0,65 kg/dm^3 bis in seltenen Fällen 1,02 kg/dm^3. Die am häufigsten vorgefundenen Dichten liegen in den Bereichen zwischen 0,82 kg/dm^3 und 0,94 kg/dm^3. Die Hauptbestandteile sind Kohlenstoff und Wasserstoff mit Anteilen zwischen 80-95% sowie zwischen 10-14%. Weitere Bestandteile sind Sauerstoff, Schwefel, Stickstoff, Chlor, Iod, Natrium und Kalium mit Anteilen zwischen 0,1-3%.[15] Da Erdöl unpolar und dadurch hydrophob bzw. lipophil ist, lässt es sich nicht in Wasser lösen, da dieses polar und dadurch hydrophil bzw. lipophob ist.[16] Polare Stoffe lassen sich nur in polaren Lösungsmitteln und unpolare nur in unpolaren Lösungsmitteln lösen. Vermischen sich beide Flüssigkeiten, z.B. durch Energiezufuhr von außen, so entstehen Emulsionen. Emulsionen sind fein verteilte Gemische zweier nicht mischbaren Flüssigkeiten ohne sichtbare Entmischung.[17] Einfluss auf das Aussehen und die Stabilität von Emulsionen haben die Dichten der beiden Stoffe, die Tröpfchengröße, die Grenzflächenviskosität, Ähnlichkeit der Oberflächenspannungen und die Behinderung der Tröpfchenbewegung. Je größer

---

[14] A. Große, Untersuchungen bezüglich der Leitfähigkeit von Multiphasenflüssigkeiten verschiedener Zusammensetzungen im Pumpenspalt einer Schraubenspindelpumpe in Abhängigkeit der Drehzahl, Diplomarbeit 2006

[15] http://www.artikelpedia.com/artikel/chemie/1/erdl--frderung-vorkommen-60.php

[16] Pompe G, Binäre Phasensysteme, Studienarbeit 2007

[17] J. Sigmund, Löslichkeitsuntersuchungen von Erdöl/ Formationswasseremulsionen, Studienarbeit 2008

der Dichteunterschied der beiden Stoffe, umso schneller Trennen sich die beiden Stoffe wieder. Die dichtere Flüssigkeit sedimentiert und die leichtere schwimmt oben auf, so wie es bei Erdöl und Wasser der Fall ist. Je größer der Dichteunterschied ist, umso kleiner muss die Tröpfchengröße sein, um eine zeitlich stabile Emulsion zu erhalten.[18] Nach einiger Zeit entmischen sich Emulsionen von selbst, wenn nicht kontinuierlich Energie zugeführt wird. Der Destabilisierungsprozess einer Emulsion läuft in verschiedenen Schritten ab.

Im ersten Schritt können die Tröpfchen miteinander agglomerieren („fest anschließen"). Dieser Prozess wird auch als „Flockung" bezeichnet. Wenn die innere Phase leichter ist als die äußere, wie bei den meisten O/W-Emulsionen, schwimmen die Teilchen auf (Aufrahmen, creaming). Bei einer höheren Dichte der inneren Phase sedimentieren die Tröpfchen. Der nächste Schritt wäre, dass die Emulsionströpfchen bei der Destabilisierung wieder zusammenfließen, auch Koaleszenz genannt. Dabei werden die kleineren Tröpfchen von den größeren Tröpfchen aufgenommen. Sie treten dann zusammen und bilden zwei kontinuierliche Phasen. Den Schritt nennt man Brechung. Weiterhin werden Emulsionen unterschieden in Öl- in Wasser- Emulsionen (O/W- Emulsion), Wasser- in Öl - Emulsionen (W/O- Emulsion) und in komplexere System wie z.B. Öl- in Wasser- in Öl- Emulsionen. Im Rahmen dieser Diplomarbeit treten vor allem W/O- und O/W/O- Emulsionen auf. [19]

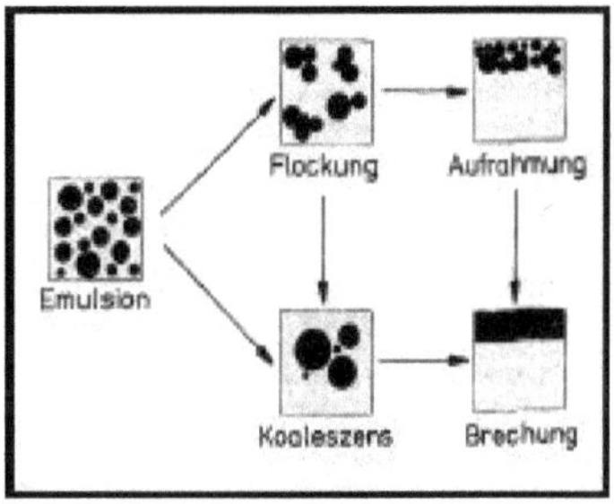

Abbildung 2-6 Destabilisierungsprozess einer Emulsion[19]

[18] Pompe G, Binäre Phasensysteme, Studienarbeit 2007

[19] URL: http://www.uni-kiel.de/anorg/bensch/lehre/Dokumente/versuch_k3_emulsionen.pdf [Stand 1997]

Ein weiterer Punkt, welcher wichtig für die Vermischung ist, ist die Viskosität der beiden Stoffe in Abhängigkeit der Temperatur. Erdöl hat mit sinkender Temperatur eine immer höhere Viskosität, das heißt, es wird immer zähflüssiger. Ab einer gewissen Temperatur wird der Stockpunkt erreicht. Ab diesem Punkt fließt das Öl gar nicht mehr. Bei steigender Temperatur nimmt die Viskosität hingegen stark ab. Bei Wasser hingegen verläuft die Kurve nahezu linear bei einem sehr niedrigen Anstieg. In Abbildung 2-7 sind drei Kurven Viskosität über Temperatur für verschieden Öle abgebildet.. Die Viskosität von Erdöl konnte in der Diplomarbeit von A. Aloui nicht ermittelt werden, da sie für das verwendete Messgerät zu groß war. Der Verlauf wäre aber ähnlich dem vom Paraffinöl. Der Viskositätsverlauf von RFW ist ähnlich dem vom Dieselöl nur auf geringerem Niveau.

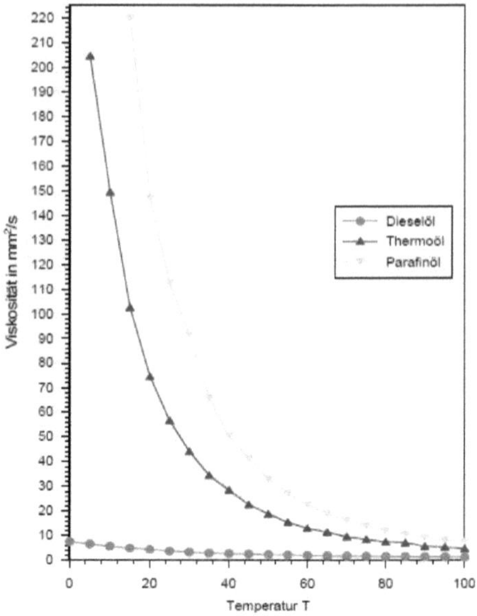

Abbildung 2-7 empirisch ermittelter Viskositätsverlauf[20]

Ein weiterer Unterschied zwischen Erdöl und RFW ist, dass die Dichte bei Erdöl mit steigender Temperatur deutlich abnimmt, so dass es dann leichter oben auf schwimmt und sich somit besser vom RFW trennt. Bei Wasser ist dieser Effekt zu vernachlässigen.

Aus vorangegangenen Arbeiten ergab sich, dass mit steigender Temperatur die Separation von Rohöl und Formationswasser beschleunigt wird und die einzelnen Flüssigkeiten prozentual mehr entmischt werden. Außerdem ist mit zunehmender Temperatur der Separationsverlauf ausgeprägter, d.h. am Anfang hohe Entmischungsgeschwindigkeit, dann das Einschwingen der Separationskurve hin zu einer verlang-

---

[20] A. Aloui, Untersuchung des Einflusses von unterschiedlichen Ölen, bei verschiedenen Temperaturen auf den Korrosionsstrom in einem Pumpenspalt, Diplomarbeit 2006

samten Entmischungsgeschwindigkeit.[21] Beispielhaft sind zwei Abbildungen aufgeführt.

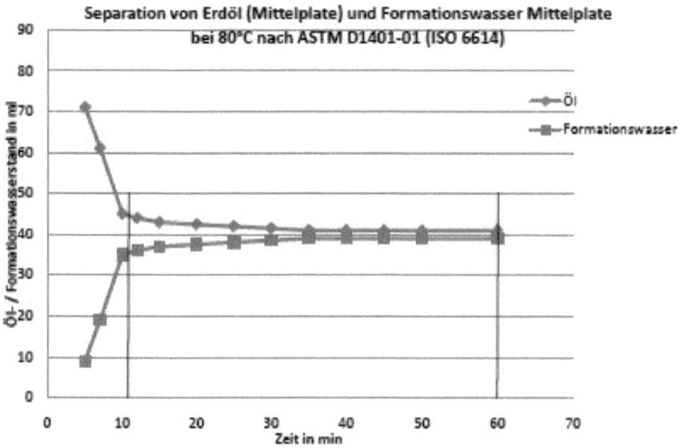

Abbildung 2-8 Löslichkeitsversuch mit Roherdöl und RFW bei 80 °C[21]

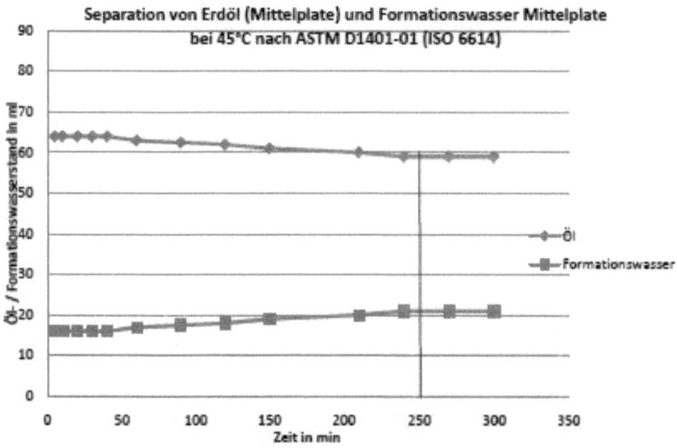

Abbildung 2-9 Löslichkeitsversuch mit Roherdöl und RFW bei 45 °C[21]

---

[21] J. Sigmund, Löslichkeitsuntersuchungen von Erdöl/ Formationswasseremulsionen, Studienarbeit 2008

3. Versuchsdurchführung

3.1 Die Werkstoffe[22]

Der Wellen- und Spannmutterwerkstoff X5CrNiCuNb16-4 (1.4542)

Hierbei handelt es sich um einen rost- und säurebeständigen Stahl, welcher semi austenitisch ist.[23] Semi austenitische Stähle enthalten einen hohen Anteil Martensit, welcher durch Kaltumformung erzeugt wird. Die Härte von 1.4542 beträgt in der hier vorliegenden Form 320 HV. In Abbildung 3-1 ist die Gefügestruktur unter einem Lichtmikroskop (LM) zu sehen. Das für den Martensit typische, feine, nadelige Gefüge ist hierbei gut zu erkennen.

Der Schraubenspindelwerkstoff X2CrNiMoN22-5-3 (1.4462)

Hierbei handelt es sich um einen rost- und säurebeständigen Duplex- Stahl. Er weist eine homogene Verteilung von Austenit und Ferrit im Mischungsverhältnis von 1:1 auf. Dieser Stahl kommt aufgrund seiner hohen Korrosionsbeständigkeit vorwiegend in der chemischen Industrie zum Einsatz. Die Härte von 1.4462, in der hiervorliegenden Form, ist 200 HV. In Abbildung 3-2 wird ein Schliffbild der Gefügestruktur gezeigt.

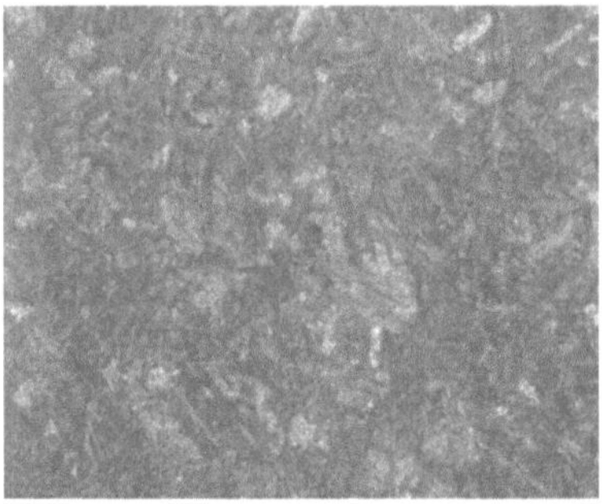

Abbildung 3-1 Gefüge des 1.4542 bei 200-facher Vergrößerung unter einem LM

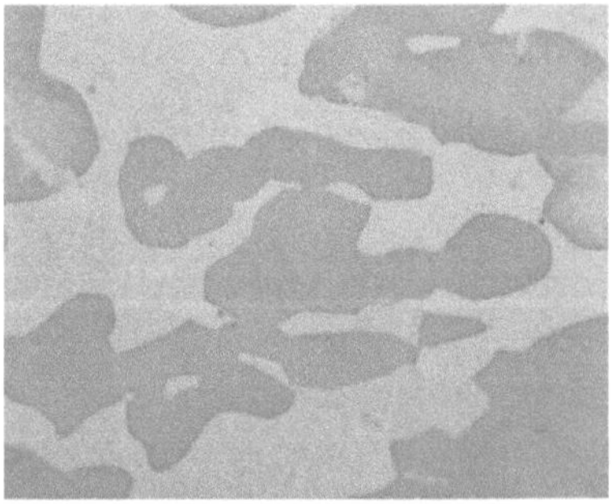

Abbildung 3-2 Gefüge des 1.4462 bei 500-facher Vergrößerung unter einem LM (50% Ferrit, 50% Austenit)

---

[22] H. Henke, Untersuchung des Spaltkorrosionsverhalten eines rotierenden Bauteils, Diplomarbeit 2009

[23] Stahlschlüssel 2006

Die nachfolgende Tabelle[24] beinhaltet eine Übersicht der Legierungselemente und deren Bestandteile in den beiden Stählen.

Legierungselement	1.4542	1.4462
	Anteile in %	Anteile in %
Kohlenstoff C	max. 0,7	max. 0,03
Silizium Si	max. 1	max. 1
Mangan Mn	max. 1	max. 2
Phosphor P	max. 0,045	max. 0,03
Schwefel S	max. 0,03	max. 0,015
Chrom Cr	15-17	21-23
Nickel Ni	3-5	4,5-6,5
Kupfer Cu	3-5	0
Niob Nb	0,15-0,45	0
Molybdän Mo	0	2,5-3,5
Stickstoff N	0	0,1-0,22

3.2 Formationswasser/ Erdöl/ Elektrolyt

Für alle Versuche wurde als Elektrolyt ein Gemisch aus RFW und Erdöl, beides direkt aus der Lagerstätte Mittelplate (in der Nordsee/ Wattenmeer) verwendet. Es ist somit eine gute Grundlage für die Untersuchungen des Korrosionsverhaltens der Werkstoffe.

RFW wird als Nebenprodukt bei der Gewinnung von Erdöl neben Sand und Gestein gefördert. RFW kann bei falscher Handhabung gesundheitsschädlich sein, da es Salze sowie Schwermetalle enthält und mit Erdöl vermischt war. Zum Teil wird dieses Fluid wieder in das Bohrloch zurückgeführt und zum anderen Teil wird es häufig gesondert entsorgt.[25] Eine Analyse des RFW ergab folgende Zusammensetzung.

- Chlorid (Cl), (DIN EN ISO 10304-1) mg/l: 111000

[24] Stahlschlüssel 2006

[25] M. Röhnke, Untersuchung des Spaltkorrosionsverhaltens zwischen den Werkstoffen 1.4462 und 1.3974 beim Einsatz in rotierenden Bauteilen, Studienarbeit 2009

- Sulfidschwefel (DIN 38405-D 26) mg/l: <0,04
- Eisen (Fe), (ICP-MS, DIN EN ISO 17294-2) mg/l: 8,6
- Eisen (II), (DIN 38406-E 1-1) mg/l: 0,19
- Carbonat (DEV-J 3) mg/l: 270
- Sulfat (SO4), (DIN EN ISO 10304-1) mg/l: 600

Der pH-Wert liegt bei 6,24. Der Untersuchungsbericht liegt im Anhang der Arbeit vor.

Die Farbe vom RFW ist gelblich, wie in Abbildung 3-3 zu sehen ist. Nach längerem Stillstand setzen sich einige Feststoffpartikel am Boden ab und das Wasser wird wieder transparenter.

Abbildung 3-3 RFW

Die genaue Zusammensetzung des Erdöls wurde nicht untersucht. Das Erdöl hat bei RT eine hohe Viskosität und ist somit sehr zähflüssig. Mit steigender Temperatur sinkt die Viskosität stark. Die Farbe von Erdöl ist schwarz und nicht transparent. Die Dichte der Proben lag bei RT bei ca. 900 $\frac{kg}{m^3}$. Die Proben wurden im Juli 2009 gewonnen und für das ISSV e.V. abgefüllt. Erdöl wirkt korrosionshemmend.

Das Elektrolyt wird während aller Versuche konstant mit Argon gespült, um möglichst viel Sauerstoff zu verdrängen. Dies ist nötig, da das geförderte Fluid in der MPP sauerstofffrei ist.

Der Flammpunkt von Erdöl liegt ca. zwischen 200 und 300°C, somit hat der direkte Kontakt zwischen Erdöl und Heizelementen zu unterbleiben. Die Versuche haben immer unter Aufsicht stattzufinden und ein Feuerlöscher muss griffbereit sein. Weiterhin ist Erdöl für den Menschen stark gesundheitsschädlich und gefährlich für die Umwelt. Deswegen sollte der Kontakt mit der Haut unterbleiben. Die Entsorgung des Gemisches und aller verunreinigter Gegenstände, wie z.B. Papiertücher oder Handschuhe, hat gesondert zu erfolgen. Der Kontakt von Erdöl mit dem Abwasser ist zu vermeiden.

3.3 Versuchsaufbau

Für die Versuche wurden folgende Materialien benötigt:

- SKMZ v3
    - mit Hauptgefäß und zweiten Gefäß
    - Deckel
- Potentiostaten
- Bezugselektrode: Ag/AgCl- Elektrode
- Gegenelektrode: Platindraht
- Arbeitselektrode: Mischelektrode aus 1.4462 und 1.4542
- Heizplatten
- Rotor
- Standbohrmaschine
- PC mit Software Remote zur Messwertaufnahme
- Argon

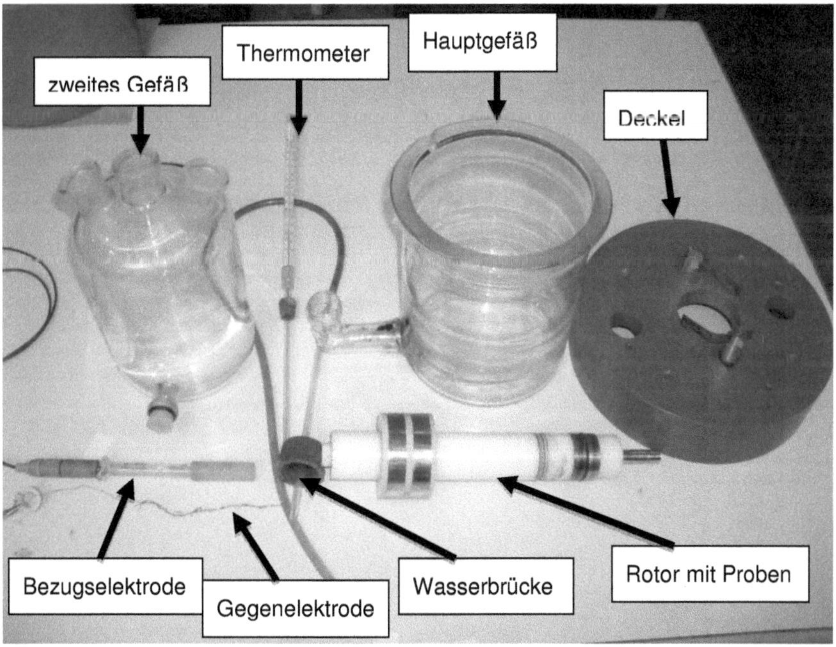

Abbildung 3-4 Utensilien für den Versuchsaufbau

Die SKMZ v2 entsprach nicht mehr den neuen Anforderungen, deswegen musste eine neue entwickelt werden. Die SKMZ v2 bestand aus einem Kunststoffbehälter. Um hier das Elektrolyt aufheizen zu können, benötigte man Heizstäbe, welche in das Elektrolyt getaucht wurden. Dadurch würde ein direkter Kontakt zwischen Erdöl und den Heizstäben entstehen und das Erdöl könnte entzündet werden. Deswegen wurde ein Glasbehälter verwendet. Bei diesem konnte das Elektrolyt über eine Heizplatte von unten aufgeheizt und auf hoher Temperatur gehalten werden.

Bei der SKMZ v2 wurden die benötigte Gegenelektrode und die Bezugselektrode direkt von oben in das Elektrolyt geführt, bzw. befand sich direkt im Behälter. Da die Bezugselektrode bei Kontakt mit Erdöl „verstopft" und dann keine Messungen mehr möglich sind, musste eine andere Möglichkeit gefunden werden. Als ersten Versuch wurde ein Glasbehälter mit angesetzten U- förmigem Rohr, welches vom Hauptbehälter getrennt ist, verwendet. Der Zugang zum Rohr wurde mit einem „Filter", welcher ein zu starkes Eindringen von Erdöl verhindern sollte, verschlossen. In das Rohr wurde die Gegenelektrode und die Bezugselektrode geführt und nach oben wasserdicht verschlossen. Trotz des Filters gelangte Öl in das Rohr, so dass die Gegenelektrode verstopfte. Als neue Möglichkeit wurde ein zweites Glasgefäß verwendet. In dieses wurde die Bezugs- und Gegenelektrode von oben gehalten. Die beiden Gefäße wurden über eine Wasserbrücke miteinander verbunden. Als „Brücke" dienten ein herkömmliches Glasrohr und ein Gummischlauch. So war es möglich, die Bezugs- und Gegenelektrode mit der Arbeitselektrode zu verbinden, ohne dass die Bezugselektrode verstopfte. Bei dem Versuchsaufbau gelangte zwar immer noch Erdöl in das Verbindungsrohr, aber nur wenig in die Wasserbrücke und damit nur wenig in den zweiten Behälter. Es kam nicht vor, dass das Erdöl das Verbindungsrohr verstopfte. In Abbildung 3-5 ist die Wasserbrücke abgebildet.

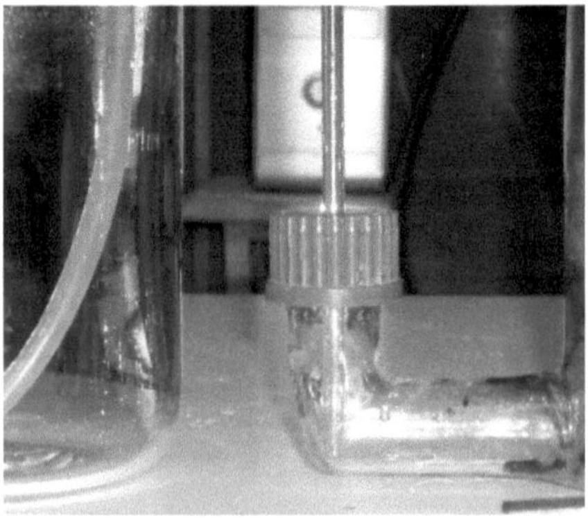

Abbildung 3-5 Wasserbrücke

Die Proben sind kreisscheibenförmig aus den Materialien 1.4542 und 1.4462 gefertigt und haben eine Bohrung in der Mitte. Vor den ersten Versuchen hatten die Proben einen Außendurchmesser von 70 *mm*, einen Innendurchmesser von 30 *mm* und eine Stärke von 15 *mm*. Zur Vorbereitung von jedem Versuch wurden die Proben mit Schleifpapier bis zur maximalen Körnung 800 geschliffen. Somit nahm vor allem die Stärke mit weiteren Versuchen ab. Im Anschluss wurden die Proben für fünf Minuten in einem Ultraschallbad gereinigt, um sie von Fetten und anderen Rückständen zu befreien. Nach den Vorbereitungen wurden die Proben zusammen als Mischelektrode auf den Rotor befestigt.

Der Rotor ist ähnlich einem Hohlzylinder geformt und besteht aus Polyoxymethylen (POM). Im Inneren werden zwei dünne Kabel durch die dafür vorgesehenen Bohrungen gelegt. Über die verlötete Verbindung einer normalen Schraubenfeder mit den Adern des Kabels und über die auf der Feder mit dem POM fixierte Metallkugel kann ein Strom zwischen Ober- und Unterseite des Rotors fließen. Die Kugeln auf der oberen Seite üben einen Druck auf zwei Kupferringe aus, die auf den Rotor geführt und mit Hilfe von Gummidichtringen voneinander isoliert sind. Somit gibt es im Rotor zwei voneinander getrennte Stromleitungen. In eine Gewindebuchse auf der Oberseite wird ein Zylinder aus Stahl aufgeschraubt, wodurch eine Befestigung im Bohrfutter der Standbohrmaschine ermöglicht wird. Dadurch kann der Rotor und somit die Proben bei konstanter Drehzahl in Rotation versetzt werden. An der Unterseite befindet sich ein Gewindestift. Am unteren Ende sind abwechselnd den Proben ähnliche POM- Scheiben sowie die Proben geführt und durch einen Verschluss, welcher ein Innengewinde besitzt, mit dem Gewindestift fixiert. Abgedichtet wird alles mit Gummidichtringen. Um bei jedem Versuch zwei gleichgroße Spalte zu gewährleisten, wird der Verschluss des Rotors immer mit einem Drehmoment von 12,5 *Nm* angezogen. Die Konstruktion hat sich schon in vorangegangen Studien- und Diplomarbeiten bewährt und auch während dieser Diplomarbeit trat keine Feuchtigkeit in das Innere des Rotors. Die beschrifteten Hauptbestandteile des Rotors können in zerlegter und zusammengesetzter Form der Abbildung 3-6 entnommen werden (in den Versuchen wurden Kupfer- anstelle von Messingringen verwendet).

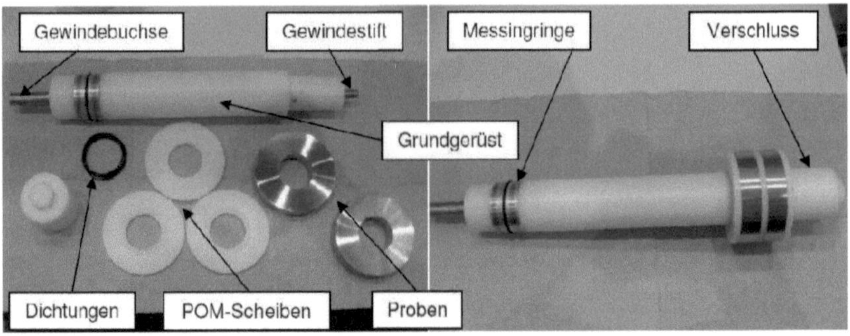

Abbildung 3-6 Rotor in zerlegter und zusammen gesetzter Form[26]

Die Stromabnahme und die Verbindung zum Potentiostaten erfolgt über den Deckel. Der Deckel wurde aus der SKMZ v2 übernommen. Dadurch hat er mehrere Bohrungen, die nun nicht mehr gebraucht werden, so z.B. für Heizstab, Bezugselektrode usw. Über den Deckel wird nur noch ein Thermometer und der Schlauch für die Argonzuführung angebracht und in die SKMZ geführt. Weiterhin befindet sich auf ihm eine Vorrichtung zur Stromabnahme an den Kupferringen. Diese besteht aus zwei Blattfedern aus Kupfer, an welche je eine Kohlebürste angeklebt wurde. Sie sind über zwei Aluminiumzylinder, welche auf den Deckel geschraubt sind, fixiert. Zu sehen ist die Vorrichtung in Abbildung 3-7.

Abbildung 3-7 Stromabnahme zwischen Rotor und Potentiostaten[26]

In Abbildung 3-8 ist der komplette Versuchsaufbau abgebildet.

[26] M. Röhnke, Untersuchung des Spaltkorrosionsverhaltens zwischen den Werkstoffen 1.4462 und 1.3974 beim Einsatz in rotierenden Bauteilen, Studienarbeit 2009

Abbildung 3-8 Versuchsaufbau

3.4 Durchführung der Messreihen

Vor jedem Versuch wurde das Elektrolyt in die Gefäße gegeben. In das zweite Gefäß wurden ca. 1,5 / RFW gefüllt und in das Hauptgefäß wurde zuerst die für den Versuch benötigte Menge RFW und im Anschluss daran die jeweilige Menge Erdöl gegeben. Dadurch ist gewährleistet, dass sich das RFW im Verbindungsrohr verteilen kann und kein Erdöl eindringt. Im Anschluss wurde an der Trennschicht zwischen RFW und Erdöl eine Markierung vorgenommen, um zwischen den Versuchen sehen zu können, wie sich Erdöl und RFW voneinander trennen. Die Höhe des Wasserstandes im zweiten Gefäß erhielt auch eine Markierung, da dieses nicht nach jedem Versuch neu angesetzt wurde, um RFW zu sparen. Diese ist nötig, um vor jedem Versuch das verdampfte RFW mit destilliertem Wasser aufzufüllen. Im Anschluss wurden beide Gefäße so in der Höhe abgestimmt, dass beide Flüssigkeitsgemische auf einem Höhenniveau sind, indem die Höhe der zweiten Heizplatte durch Unterlegscheiben verändert wurde. Damit ist gewährleistet, dass sich die Flüssigkeitsmengen nicht verändern, wenn die beiden Gefäße über die Wasserbrücke verbunden wurden, welche im Anschluss gelegt wurde. Anschließend wurden die Kabel zum Potentiostaten angeschlossen und die Argonzuleitung in das Gefäß gelassen. Nun wurde mehrere Minuten lang Argon in die Behälter geführt um den Sauerstoff zu verdrängen. Im Anschluss wurde mit den Versuchen begonnen.

In der ersten Versuchsreihe wurden die beiden Proben aus 1.4462 und 1.4542 als Mischelektrode zusammen an den Anschluss der Arbeitselektrode am Potentiostaten angeschlossen. Gegenelektrode und Bezugselektrode wurden ebenfalls an den dafür vorgesehenen Anschlüssen befestigt. Als Potential vs. Ag/AgCl- Elektrode wurde -50 mV gewählt, da bei diesem Potential ein klar positiver (anodischer) Strom fließen musste, wie aus der vorangegangenen Studienarbeit bekannt war. Alle Versuche wurden bei einer Drehzahl der Bohrmaschine von 1480 $\frac{1}{min}$ durchgeführt. Die Ölanteile wurden in 5% Schritten von 0% an gesteigert. Bei jedem Ölanteil wurden vier Versuche bei RT, 40℃, 55℃ und 70℃ durchgeführt. Am Potentiostaten wurde der Verlauf Strom über der Zeit aufgezeichnet. Nach jedem Versuch erfolgte eine Dokumentation des Trennungsverhaltens im Stillstand von RFW und Erdöl für verschiedene Temperaturen und Ölanteile.

In einer zweiten Versuchsreihe bei 0% und 70% Erdölanteil wurde am Potentiostaten der Anschluss von Bezugselektrode und Gegenelektrode zusammen geschaltet, so dass nun zwei statt drei Anschlüsse zur Verfügung standen. An den einen Anschluss wurde 1.4462 und an den anderen Anschluss wurde 1.4542 angeschlossen. Somit wurde für die Versuche nur noch das Hauptgefäß gebraucht. Der Potentiostat wurde nun als Null- Ohm- Amperemeter (ZRA) verwendet. Hier wurden je vier Versuche bei beiden Erdölanteilen durchgeführt (bei RT, 40℃, 55℃ und 70℃). Die Drehzahl betrug auch 1480 $\frac{1}{min}$. Der Potentiostat zeichnete die Stromkurve über der Zeit auf.

Im Anschluss wurden die Proben unter einem LM auf Korrosionsschäden untersucht.

4. Auswertung und Vergleich der Ergebnisse

Im folgenden Kapitel werden die Ergebnisse der beiden Versuchsreihen erklärt und dargestellt. Im ersten Teil werden der Einfluss der Temperatur und die Zusammensetzung des Gemisches auf die Durchmischung während der Rotation und die Trennung der Phasen im Stillstand gezeigt. Der zweite Teil beinhaltet die Ergebnisse der ersten Versuchsreihe bei -50 *mV* im Bezug zur Ref.- Elektrode und verschiedenen Temperaturen, im dritten Teil werden die Ergebnisse der zweiten Versuchsreihe im ZRA- Betrieb dargestellt.

4.1 Vermischung von Erdöl und RFW

In Vorversuchen wurde bereits gezeigt, dass sich bei dem Versuchsaufbau eine gute Durchmischung von Erdöl und RFW einstellt. Jedoch haben Temperatur und auch der Erdölanteil einen wesentlichen Einfluss auf das Trennungsverhalten der beiden Phasen. In den Abbildungen 4-1 bis 4-4 ist das Trennungsverhalten bei 70% Erdölanteil für RT, 40℃, 55℃ und 70℃ dargestellt. Jeweils von links nach rechts abgebildet ist das erste Bild noch während der Rotation aufgenommen und weiterführend im Stillstand nach 5 bis 45 Sekunden. Der weiße Pfeil zeigt jeweils die Höhe des Wasserstandes vor der Durchmischung.

Abbildung 4-1 70% Ölanteil- RT: von links nach rechts: 0sec, 5 sec, 15 sec, 30 sec, 45 sec

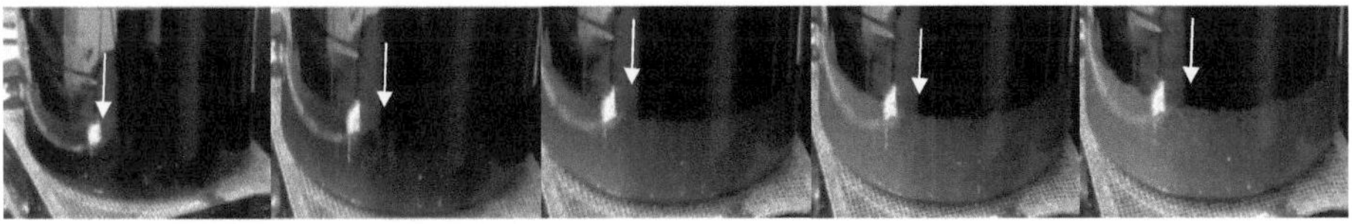

Abbildung 4-2 70% Ölanteil- 40℃: von links nach rechts: 0sec, 5 sec, 15 sec, 30 sec, 45 sec

Abbildung 4-3 70% Ölanteil- 55°C: von links nach rechts: 0sec, 5 sec, 15 sec, 30 sec, 45 sec

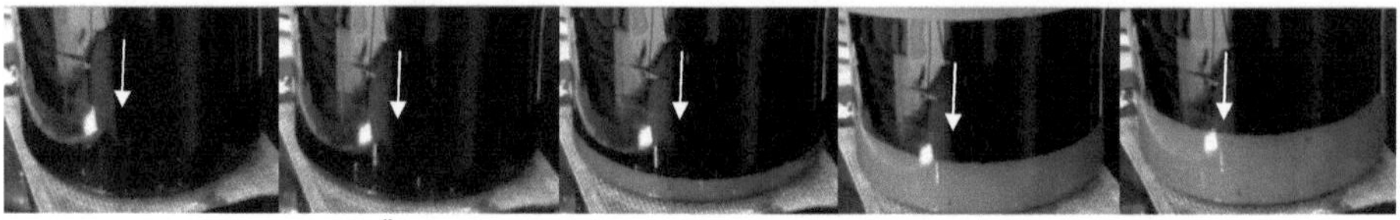

Abbildung 4-4 70% Ölanteil- 70°C: von links nach rechts: 0sec, 5 sec, 15 sec, 30 sec, 45 sec

Aus allen vier Abbildungen wird deutlich, dass die Durchmischung sehr gut ist. Auf den Bildern ist nicht zu erkennen, dass die Durchmischung mit steigender Temperatur besser wird. Dies ist in den zugehörigen Videos im Anhang gut zu erkennen. In Abbildung 4-1 ist zu sehen, dass bei RT nach 45 Sekunden Stillstand noch sehr viel RFW im Erdöl gebunden ist. Bei höheren Temperaturen nimmt der Anteil an RFW, welcher im Erdöl nach 45 Sekunden gebunden ist ab (siehe Abbildung 4-4). Weiterhin wird aus den Abbildungen deutlich, dass die Erdölphase und die RFW- Phase immer klarer werden und die Grenzschicht zwischen beiden immer schärfer wird. Die anfänglich langsamere Trennung nach fünf Sekunden bei 55°C und 70°C erklärt sich durch die bessere Durchmischung der beiden Phasen bei höherer Temperatur. Hat die Trennung der beiden Phasen erst einmal eingesetzt, läuft sie bei höheren Temperaturen schneller ab.

In den Abbildungen 4-5 bis 4-8 ist das Trennungsverhalten bei 25% Erdölanteil für RT, 40°C, 55°C und 70°C dargestellt. Jeweils von links nach rechts abgebildet ist das erste Bild noch während der Rotation aufgenommen und dann im Stillstand jeweils nach 5 bis 45 Sekunden. Der weiße Pfeil zeigt die Höhe des Wasserstandes vor der Durchmischung.

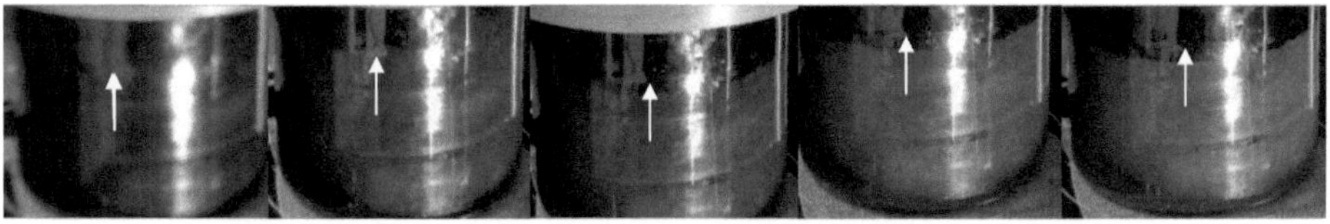

Abbildung 4-5 25% Ölanteil- RT: von links nach rechts: 0sec, 5 sec, 15 sec, 30 sec, 45 sec

Abbildung 4-6 25% Ölanteil- 40°C: von links nach rechts: 0sec, 5 sec, 15 sec, 30 sec, 45 sec

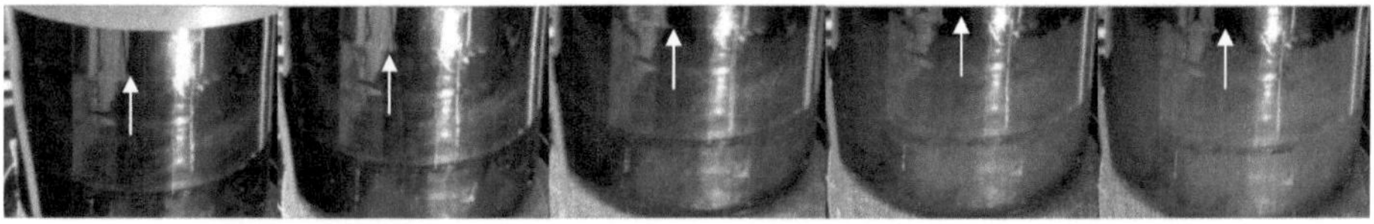

Abbildung 4-7 25% Ölanteil- 55°C: von links nach rechts: 0sec, 5 sec, 15 sec, 30 sec, 45 sec

Abbildung 4-8 25% Ölanteil- 70°C: von links nach rechts: 0sec, 5 sec, 15 sec, 30 sec, 45 sec

Aus allen vier Abbildungen wird deutlich, dass die Durchmischung bei allen Temperaturen gleichmäßig verläuft. Die Durchmischung ist aber nicht so gut wie bei höheren Ölanteilen. Dies könnte daran liegen, dass nicht genug Erdöl in der Lösung ist, um alles RFW in sich zu binden. Auch bei 25% Erdölanteil ist nach 45 Sekunden Stillstand RFW im Erdöl gebunden. Der Anteil ist entsprechend dem Erdölanteil deutlich geringer. Er nimmt mit steigender Temperatur ab; bei 70°C ist der Anteil im Rahmen dieser Versuchsgenauigkeit vernachlässigbar.

Die Ursache für die Bildung der Erdöltropfen am Rand des Gefäßes liegt an Oberflächenunebenheiten und Kratzern im Gefäß. An diesen bleibt das Erdöl besonders gut haften. Eine mögliche Erklärung für die bessere Durchmischung bei höheren Temperaturen ist, die stark abfallende kinetische Viskosität mit steigender Temperatur von

Erdöl. Je höher die Temperatur ist, umso mehr ähneln sich die Viskosität von Wasser und Erdöl. Ein nicht ganz so ausschlaggebender Punkt könnte die Oberflächenspannung sein. Auch diese fällt mit steigender Temperatur bei beiden ab. Je geringer die Unterschiede der Oberflächenspannung der beiden Flüssigkeiten sind, umso besser lösen sie sich ineinander. Für das Trennungsverhalten im Stillstand dürfte die Dichte der beiden Stoffe am entscheidendsten sein. Mit steigender Temperatur nimmt der Dichteunterschied von Erdöl und Wasser stark zu. Dadurch schwimmt das Erdöl besser auf dem RFW auf und trennt sich somit schneller vom RFW. Deswegen wird Erdöl bei höheren Temperaturen auch weniger RFW in sich binden können.

4.2 Versuche mit 1.4462 und 1.4542 als Mischelektrode

Ziel dieser Versuchsreihe war es den mindestens benötigten Erdölanteil im Formationswasser- Erdöl- Gemisch experimentell zu ermitteln, der nötig ist, damit an den Proben und somit an der MPP keine Korrosion mehr auftritt. Dieses Ziel konnte mit dem Versuchsaufbau nicht erreicht werden, da das Glasgefäß nur ein Volumen von circa 2,7 Litern fasst. Außerdem war es nötig, mindestens 0,8 Liter RFW hinein zu geben, damit kein Öl in die Wasserbrücke gelangt. Durch vorherige Versuche wurde erwartet, dass bei circa 40% Erdölanteil keine Korrosion mehr auftritt. Dies konnte im Rahmen der Diplomarbeit aber nicht bestätigt werden, da bei 70% Erdölanteil immer noch eine sehr hohe Stromdichte auftrat und Beschädigungen an den Proben zu erkennen waren.

Im Folgenden werden die Ergebnisse dargestellt und erläutert.

In Abbildung 4-9 sind die Bereiche für die Mittelwerte $\bar{x}$ plus minus der Standardabweichung σ der gemessenen Stromdichten für die verschiedenen Erdölanteile bei RT dargestellt. Für Stromdichten kleiner 0,0001 $\frac{mA}{cm^2}$ kann davon ausgegangen werden, dass keine Beschädigungen mehr an den Proben auftreten und diese somit geschützt sind. Für Stromdichten kleiner 0,0003 $\frac{mA}{cm^2}$ sind die Auswirkungen der Korrosion vernachlässigbar klein. Bei größeren Strömen ist mit Korrosionsschäden zu rechnen.

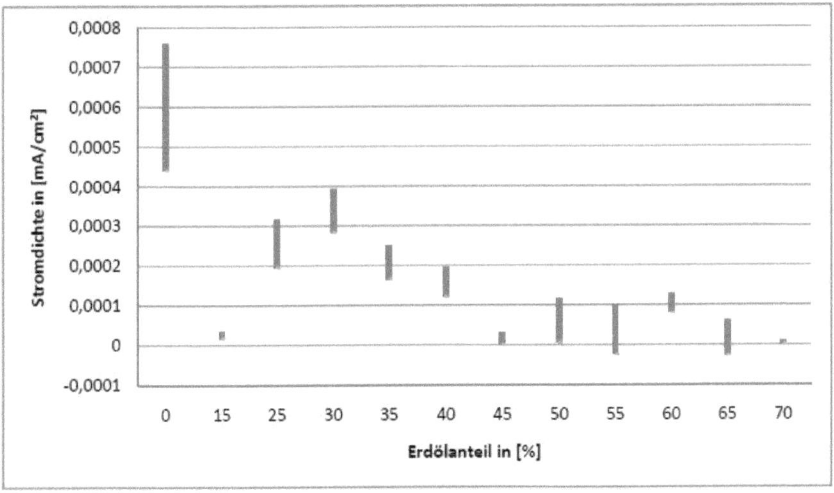

Abbildung 4-9 $\bar{x}$ +- σ für verschiedene Erdölanteile bei RT

Aus dem Diagramm geht hervor, dass bei reinem RFW ein vergleichsweise großer Strom fließt. Mit steigendem Erdölanteil sinkt die Stromdichte. Ab circa 35% Erdölanteil ist bei RT nur noch mit minimalen Beschädigungen zu rechnen, **ab 45% Erdölanteil tritt bei RT keine Korrosion mehr auf.** Wie die Messung bei 15% Erdölanteil zeigt, können auch schon geringere Mengen Erdöl die Korrosion komplett verhindern.

In Abbildung 4-10 sind die Versuchsergebnisse für die Messungen bei 40°C dargestellt.

Die gemessenen Stromdichten liegen deutlich über denen bei RT. Das hat mehrere Gründe. Zum einen hängt die Reaktionsgeschwindigkeit bei elektrochemischen Vorgängen von der Temperatur ab, dies wird z.B. durch die Arrhenius- Gleichung beschrieben. Zum anderen könnte es mit einer Steigerung des Diffusionskoeffizienten in Abhängigkeit von der Temperatur zusammenhängen. Somit können die Edukte schneller an die Reaktionspartner gelangen und die Passivschicht nicht lange dem Angriff standhalten.

Die Stromdichte bei reinem RFW ist deutlich am größten. Mit steigendem Erdölanteil sinkt der Korrosionsstrom und ist ab 35% Erdölanteil unbedenklich. Jedoch stieg der Korrosionsstrom ab 55% Erdölanteil wieder deutlich an. Somit kann bei 40°C davon ausgegangen werden, dass Erdöl zwar korrosionshemmend wirkt aber die Korrosion auch bei großen Anteilen nicht verhindert.

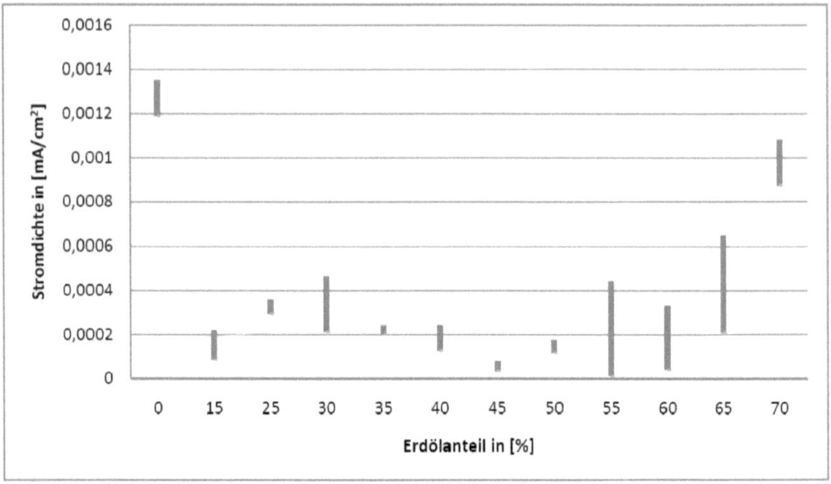

Abbildung 4-10 $\bar{x}$ +- σ für verschiedene Erdölanteile bei 40°C

In Abbildung 4-11 sind die Versuchsergebnisse für die Messungen bei 55°C dargestellt.

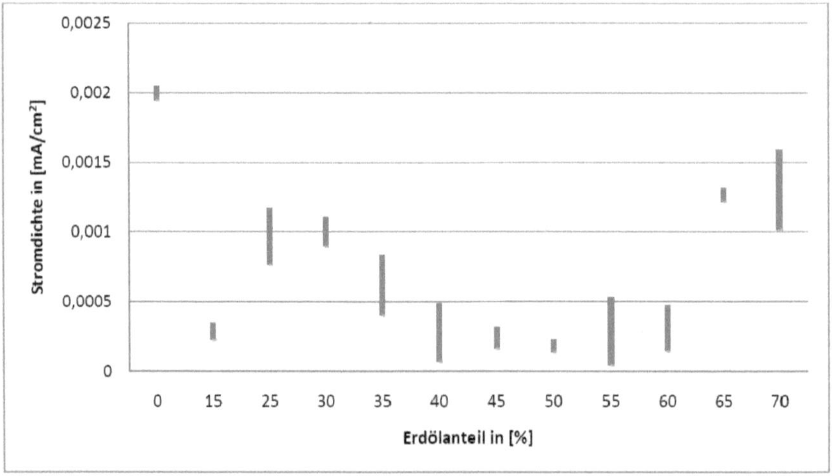

Abbildung 4-11 $\bar{x}$ +- σ für verschiedene Erdölanteile bei 55°C

Die gemessenen Stromdichten bei 55°C liegen bei allen Erdölanteilen über denen bei 40°C sowie bei RT. Der Korrosionsstrom sinkt mit steigendem Erdölanteil bis

50%. Bei 45% und 50% liegt die gemessene Stromdichte im unbedenklichen Bereich, jedoch steigt der Korrosionsstrom ab 55% wieder leicht und ab 65% stark an. Deswegen kann auch bei 55°C davon ausgegangen werden, dass Erdöl korrosionshemmend wirkt, aber die Korrosion auch bei großen Anteilen nicht verhindert.

In Abbildung 4-12 sind die Versuchsergebnisse für die Messungen bei 70°C dargestellt.

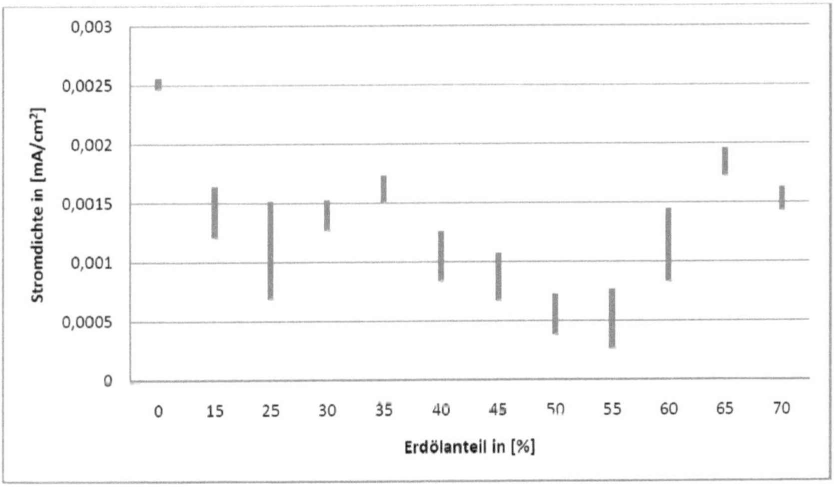

Abbildung 4-12 $\bar{x}$ +- σ für verschiedene Erdölanteile bei 70°C

Die gemessenen Stromdichten liegen erwartungsgemäß deutlich über denen bei RT, bei 40°C und bei 55°C. Die Stromdichte bei reinem RFW ist deutlich am größten. Zwischen 15% und 35% Erdölanteil bleibt der Strom konstant auf hohem Niveau. Anschließend fällt der Korrosionsstrom bis zu einem Erdölanteil von 55%. Dabei bleibt er immer so groß, dass mit Korrosionsspuren zu rechnen ist. Für die Versuche bei 60% - 70% stieg die Stromdichte wieder auf das Niveau für die Erdölanteile zwischen 15%-35% an und erreichte bei 65% sein Maximum. Bei 70°C bleibt der Korrosionsstrom für alle Erdölanteile auf hohem Niveau, ist aber immer noch deutlich unter dem Korrosionsstrom bei reinem RFW. Somit wirkt Erdöl auch bei hohen Temperaturen korrosionshemmend, aber nicht so stark wie bei geringeren Temperaturen.

Ab den Versuchen mit 60% Erdölanteil wurde „recyceltes" Erdöl verwendet, das heißt, nach jedem Versuch wurde das Erdöl- RFW- Gemisch zusammen in einen Behälter gegeben, dort stand es mindestens eine Woche um eine möglichst vollständige Trennung von Erdöl und RFW zu ermöglichen. Nach ablassen des RFW über einem am Boden befindlichen Hahn konnte das Erdöl abgeschöpft werden.

In den folgenden Abbildungen sind die Korrosionsschäden an den 1.4462 und 1.4542 Proben zu sehen. Abbildung 4-13 zeigt beispielhaft eine 1.4462 Probe. An dieser sind keine Beschädigungen zu erkennen. So war es bei allen Versuchen mit Ausnahme von einem. 1.4462 wurde also vom 1.4542 als Opferanode geschützt. Einzig beim Versuch mit 60% Erdölanteil trat Lochkorrosion am 1.4462 auf. Hier bildete sich eine lokale anodische Stelle aus, welche dann angegriffen worden ist (Abbildung 4-14).

Abbildung 4-13 Versuch bei 35% Erdölanteil, 1.4462- Spaltfläche, Vergrößerung: 3,8x

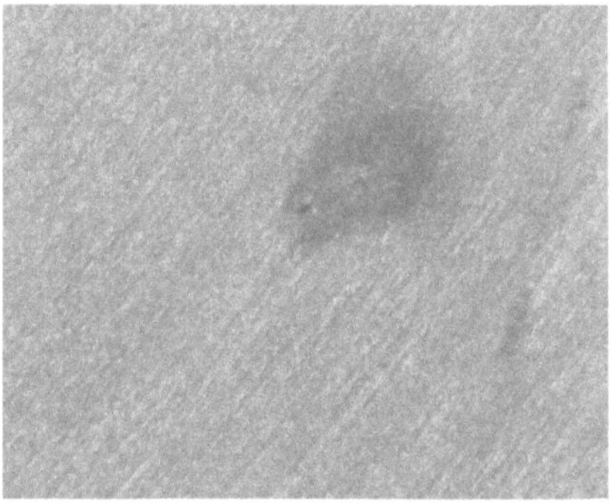

Abbildung 4-14 Versuch bei 60% Erdölanteil, 1.4462- Spaltfläche, Vergrößerung: 22,8x

Die meisten Beschädigungen, die am 1.4542 auftraten, sehen ähnlich denen in den Abbildungen 4-15 und 4-16 aus.

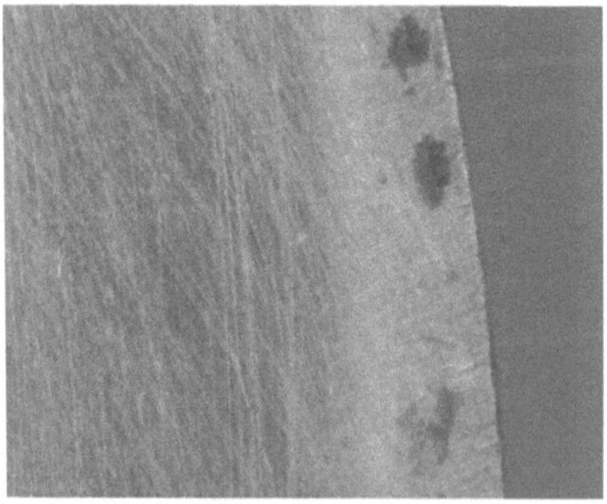

Abbildung 4-15 Versuch bei 45% Erdölanteil, 1.4542- Spaltfläche, Vergrößerung: 15,2x

Abbildung 4-16 Versuch bei 45% Erdölanteil, 1.4542- Spaltfläche, Vergrößerung: 22,8x

Größere Beschädigungen traten beim Versuch mit 25% Erdölanteil auf. Es entstanden viele kleinere Löcher am Rand der Spaltfläche, welche sich zu einem großen linienförmigen „Krater“ verbanden (siehe Abbildung 4-17).

Abbildung 4-17 Versuch bei 25% Erdölanteil, 1.4542- Spaltfläche, Vergrößerung: 22,8x

Abbildung 4-18 Versuch bei 35% Erdölanteil, 1.4542- Außenfläche, Vergrößerung: 12x

Der Versuch mit 35% Erdölanteil war der einzige Versuch, bei dem Lochkorrosion an der Außenfläche auftrat (siehe Abbildung 4-18). Lochkorrosion bildete ansonsten eine Ausnahme, da zumeist Verfärbungen und anodische Flächen auftraten. Der Versuch mit 40% Erdölanteil war einer der wenigen Versuche bei welchem Lochkorrosion am 1.4542 deutlich zu erkennen war (siehe Abbildung 4-19 und 4-20).

Abbildung 4-19 Versuch bei 40% Erdölanteil, 1.4542- Spaltfläche, Vergrößerung: 22,8x

Abbildung 4-20 Versuch bei 40% Erdölanteil, 1.4542- Spaltfläche, Vergrößerung: 22,8x

Bei den Versuchen mit 65% und 70% Erdölanteil traten vorwiegend große langgezogene Verfärbungen (anodische Bereiche) am Rand der Spaltflächen auf, wie in den Abbildungen 4-21 und 4-22 zu sehen ist.

Abbildung 4-21 Versuch bei 65% Erdölanteil, 1.4542- Spaltfläche, Vergrößerung: 15,2

Abbildung 4-22 Versuch bei 70% Erdölanteil, 1.4542- Spaltfläche, Vergrößerung: 15,2

Alle Fotos der Proben befinden sich auf der Daten- DVD im Anhang der Diplomarbeit.

In Abbildung 4-23 sind alle Versuchsergebnisse in einem 3D- Diagramm dargestellt. Auf der X- Achse ist der Erdölanteil, auf der Y- Achse die Temperatur und auf der Z-Achse ist die Stromdichte aufgetragen. Für die Stromdichte wurden die Mittelwerte der vom Potentiostaten über die Zeit gemessenen Werte verwendet.

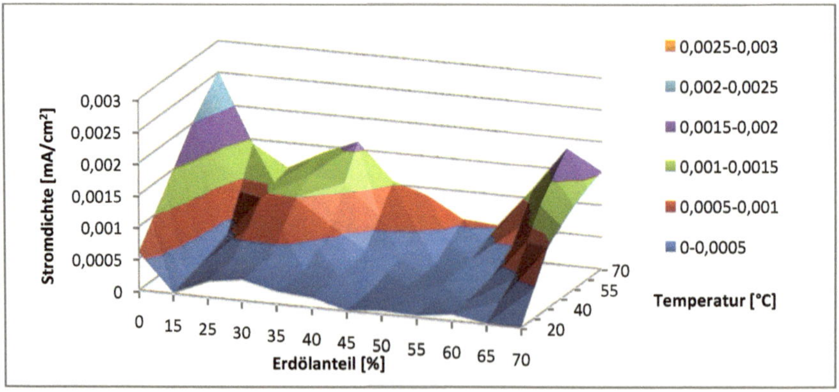

Abbildung 4-23 Stromdichte über Erdölanteil und Temperatur

Aus dem Diagramm ist gut zu erkennen, dass bei Elektrolyten mit Erdöl die Korrosionsströme deutlich geringer sind wie bei reinem RFW. Bei RT reichen schon geringere Mengen Erdöl aus um Korrosion zu verhindern. Bei höheren Temperaturen jedoch trat Korrosion noch bei 70% Erdölanteil auf. **Es war mit diesem Versuchsaufbau nicht möglich die Korrosion bei höheren Temperaturen komplett zu inhibieren.** Ein Grund für das Korrosionsverhalten ist, dass Erdöl die Ionenleitung behindert bzw. verhindert. Zum einen setzt sich das Erdöl in den Spalten, an der Oberfläche der Proben und möglicherweise an den Spaltzugängen fest. Dadurch verhindert bzw. behindert das Erdöl die Korrosion, indem es die für die Korrosion zur Verfügung stehende Ober- und Spaltfläche verringert bzw. die kompletten Spalte verschließt. In Abbildung 4-24 sind die Spaltflächen, nach einem Versuch bei 65% Erdölanteil fotografiert, dargestellt.

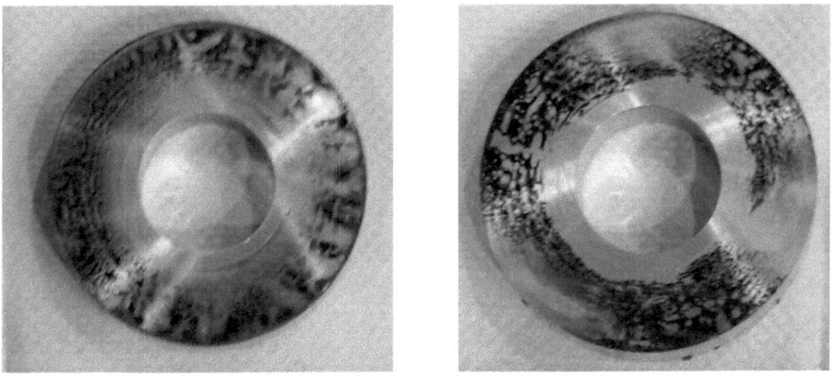

Abbildung 4-24 Proben 1.4462 und 1.4542 fotografiert nach Versuch bei 65% Erdölanteil

Bei RT ist das Erdöl sehr zähflüssig und bleibt einmal in die Spalte eingedrungen besser in den Spalten „kleben". Weiterhin vermischt es sich nicht so gut mit dem RFW, wodurch sich reine „Öl-Schleier" um die Proben bzw. bei diesem Versuchsaufbau vor dem Zugang zur Wasserbrücke bilden können. Somit wird jede Ionenleitung zur Gegenelektrode verhindert. Bei höheren Temperaturen hingegen sinkt die Viskosität des Erdöls sehr schnell. Dadurch wird der Austausch des Elektrolyts in den Spalten verbessert. Das Erdöl wird immer wieder durch RFW ersetzt, wodurch die Korrosion begünstigt wird. Dies ist auch in Abbildung 4-24 zu sehen. Es befindet sich zwar Erdöl auf den Spaltflächen, aber es bedeckt sie nicht vollkommen. Weiterhin vermischt sich das Erdöl viel besser mit dem RFW. Dadurch wird das Erdöl- Formationswasser- Gemisch „Ionen durchlässiger“, da sich schlechter reine „Öl-Schleier“ bilden können.

Die starke Abnahme der Korrosionsstromdichte bei geringen Erdölanteilen und anschließenden Anstieg bei höheren Erdölanteilen deckt sich mit den Ergebnissen einer anderen vorangegangenen Studienarbeit. Der Anstieg der Korrosionsstromdichte ab den Versuchen mit 60% Erdölanteil könnte sich zum Teil dadurch erklären lassen, dass im „recycelten“ Erdöl eine Menge RFW gebunden gewesen sein könnte. Dadurch wäre der reale Erdölanteil geringer wie der angenommene. Eine weitere Möglichkeit ist, dass das Erdöl seine Eigenschaften bei den vorherigen Versuchen verändert hat. Wenn dem so sein sollte, reicht eine Zeit von einer Woche für die Trennung der beiden Phasen nicht aus. Bei künftigen Versuchen muss das „recycelte“ Erdöl dann ähnlich lange stehen gelassen werden wie vorher das gelieferte. Eine andere Möglichkeit für die beiden „Täler“ besteht in (strömungs-) mechanischen Vorgängen. So ist z.B. das Kräfteverhältnis im Spalt nicht geklärt. Möglich ist das bei hohen Erdölanteilen RFW durch Kapillarwirkung in den Spalt gezogen wird und bei niedrigeren Erdölanteilen eher Erdöl in den Spalt gedrängt wird. Dies hängt auch mit möglichen Änderungen der Oberflächenbenetzbarkeit des Metalls bei verschieden Erdölanteilen zusammen. Die Vorgänge in Spaltkonstruktionen sind sehr viel komplizierter als bei den Konstruktionen aus vorherigen Untersuchungen, wodurch die Ergebnisse nicht bestätigt werden konnten.

4.3 Versuche im ZRA- Betrieb

Ziel dieser Versuchsreihe war es herauszufinden, wie sich die Proben aus 1.4542 und 1.4462 im Elektrolyt mit hohem Erdölanteil verhalten. Gibt es noch einen Korrosionsstrom zwischen den beiden Proben? Welche Probe dient als Anode, welche als Kathode oder wechselt dies im Laufe eines Versuchs?

Im Folgenden sind die Ergebnisse in zwei Diagrammen (Abbildung 4-25 und 4-29) dargestellt und werden erklärt. Auf der x- Achse ist die Versuchszeit in *min* und auf der y- Achse die Stromdichte in $\frac{mA}{cm^2}$ aufgetragen. Schwankungen, die auftreten, sind normal und mit dem Potentiostaten nicht zu verhindern. Sie erscheinen umso größer je geringer der gemessene Strom ist.

Ein positiver Strom bedeutet, dass 1.4542 als Anode fungiert und 1.4462 als Kathode. Bei einem negativen Strom fungiert entsprechend 1.4462 als Anode und 1.4542 als Kathode. Für jede Temperatur wurde im Diagramm jeweils eine andere Farbe verwendet.

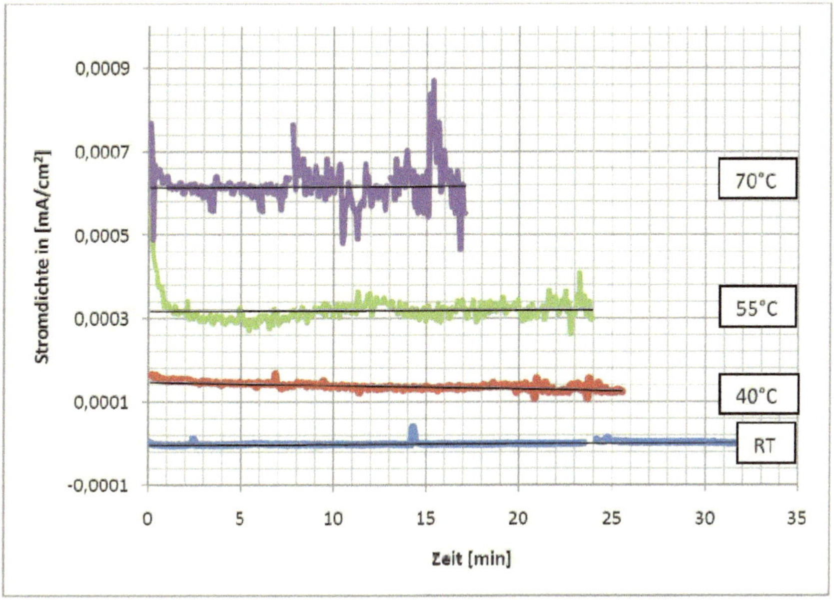

Abbildung 4-25 1.4542 und 1.4462 im ZRA- Betrieb bei 0% Erdölanteil

Der Versuch mit 0% Erdölanteil wurde durchgeführt, um Vergleichswerte für den Versuch bei 70% Erdölanteil zu haben. Bei RT wurde kein nennenswerter Korrosionsstrom gemessen. Es traten an beiden Proben keine Beschädigungen auf. Bei 40°C lag der gemessene Korrosionsstrom um ein vielfaches höher im positiven Bereich, dabei traten wahrscheinlich die ersten Korrosionsschäden am 1.4542 auf. Während des Versuches bei 55°C verdoppelte sich die Stromdichte noch einmal und am 1.4542 traten nun vermutlich die ersten großen Beschädigungen auf. Bei 70°C

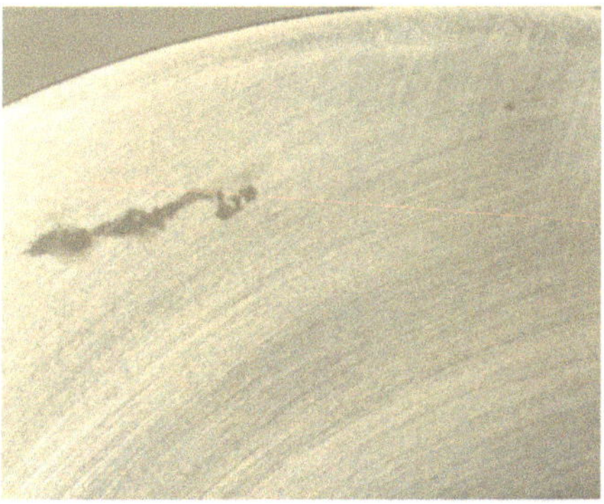

Abbildung 4-26 Versuch bei 0% Erdölanteil im ZRA-Betrieb, 1.4542- Spaltfläche, Vergrößerung: 4,8x

verdoppelte sich der Strom nochmalig. Während des 17 minütigen Versuches entstanden nun wahrscheinlich die großflächigen Spuren, welche in den Abbildungen 4-26 bis 4-28 zu sehen sind. Am 1.4462 entstanden keine Korrosionsschäden.

Abbildung 4-27 Versuch bei 0% Erdölanteil im ZRA-Betrieb, 1.4542- Spaltfläche, Vergrößerung: 12x

Abbildung 4-28 Versuch bei 0% Erdölanteil im ZRA-Betrieb, 1.4542- Spaltfläche, Vergrößerung: 22,8x

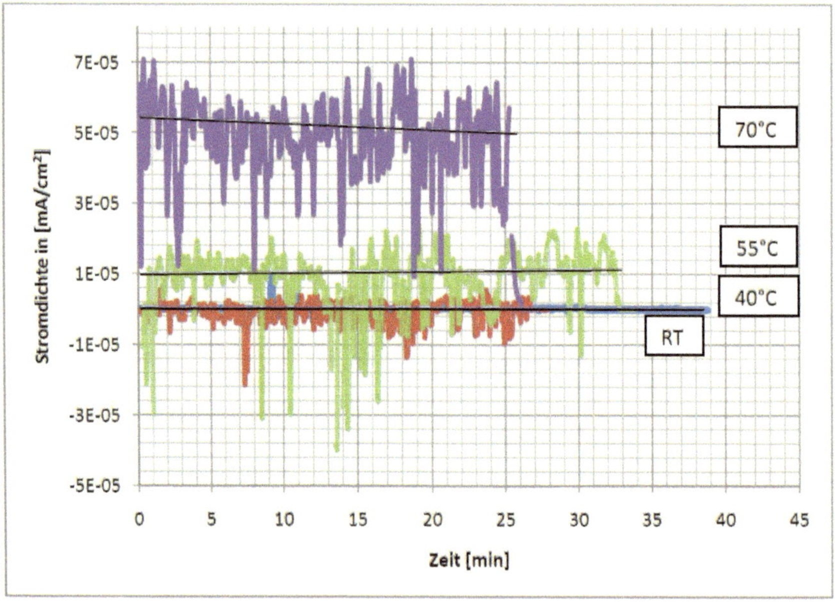

Abbildung 4-29 1.4542 und 1.4462 im ZRA- Betrieb bei 70% Erdölanteil

Die gemessenen Stromdichten bei 70% Erdölanteil lagen um mindestens den Faktor 10 niedriger als bei dem Referenzversuch in reinem RFW. Bei RT wurde kein Strom und bei 40 °C wurden nur geringfügige Schwankungen im Bereich von Null gemessen. Beide Proben waren durch das Erdöl geschützt. Während des Versuches bei 55 °C wurde ein nur geringfügig größerer positiver Strom gemessen. Dabei entstanden wahrscheinlich die ersten Passivschichten. Bei 70 °C wurde ein klar positiver Korrosionsstrom gemessen. 1.4542 diente als Anode und wurde folglich durch Korrosion beschädigt, wie in den Abbildungen 4-30 bis 4-31 zu sehen ist. Es bildeten sich zwei Löcher und eine Verfärbung an einer anodischen Stelle auf dem 1.4542. Am 1.4462 waren nach beiden Versuchen keine Beschädigungen unter dem Mikroskop zu erkennen.

Abbildung 4-30 Versuch bei 70% Erdölanteil im ZRA- Betrieb, 1.4542- Spaltfläche, Vergrößerung: 22,8x

Abbildung 4-31 Versuch bei 70% Erdölanteil im ZRA- Betrieb, 1.4542- Spaltfläche, Vergrößerung: 22,8x

Aus den beiden Versuchen geht deutlich hervor, dass Erdöl die Korrosion zwar deutlich verringert aber nicht verhindert. Die möglichen Gründe hierfür wurden in Kapitel 4.2 erläutert. Trotz der sehr kleinen Korrosionsströme entstanden auf dem 1.4542 an zwei Stellen Lochkorrosion. Die Korrosionsschäden entstanden vermutlich erst bei dem Versuch mit 70 °C, einer möglichen der Betriebstemperatur von MPP. Da Lochkorrosion die Festigkeit der Welle in einer MPP sehr schnell herabsetzten kann und es dadurch zu Unfällen oder Produktionsausfällen kommen kann, müssen andere Maßnahmen zum Korrosionsschutz getroffen werden. Dementsprechend muss die Annahme, dass die MPP bei hohem Erdölanteil vor Korrosion geschützt sind, verworfen werden.

5. Zusammenfassung und Ausblick

In der Diplomarbeit wurde der Einfluss von verschiedenen Erdölanteilen in Formationswasser auf das Spaltkorrosionsverhalten von verschiedenen Stählen (1.4542 und 1.4462) untersucht. Beide Stähle finden zusammen Verwendung in Multiphasenpumpen. Ein wesentliches Einsatzgebiet von Multiphasenpumpen ist die Erdölförderung. Da Erdöl für die Gesundheit von Mensch und Natur gefährlich ist, müssen die Multiphasenpumpen besonders zuverlässig und sicher funktionieren. Aus diesem Grund untersucht das Institut für Schadensforschung und Schadensverhütung an der Helmut- Schmidt- Universität in Hamburg das Korrosionsverhalten verschiedener Stähle, welche für den Einsatz in Multiphasenpumpen geeignet sind.

Während der Arbeit zeigte sich, dass sich Erdöl besser mit realem Formationswasser bei höheren Temperaturen mischt und im Stillstand die Phasentrennung schneller abläuft. Bei Raumtemperatur bleibt im Stillstand ein großer Teil des Formationswassers im Erdöl gebunden. Mit steigender Temperatur nimmt der Anteil an gebundenem Formationswasser im Erdöl jedoch ab.

Als wesentliches Ergebnis aus den Versuchen bei -50 *mV* in Bezug zur Ag/AgCl Elektrode ergab sich, dass ab einen Erdölanteil von 45% im Elektrolyt bei Raumtemperatur die Korrosion komplett inhibiert ist. Bei höheren Temperaturen war dies bis zu einem Erdölanteil von 70% nicht der Fall und die Tendenz der letzten Versuche deutete auch nicht darauf hin, dass dies bei 75% der Fall sein würde. Jedoch zeigte sich, dass auch schon geringere Mengen Erdöl bei allen Temperaturen den Korrosionsstrom deutlich verringern und somit der Einsatzzeitraum der Multiphasenpumpe erhöht wird.

Aus der letzten Versuchsreihe im ZRA- Betrieb ergab sich bei 70% Erdölanteil, dass 1.4542 als Anode und 1.4462 als Kathode diente. Bei Raumtemperatur und bei 40 °C wurde kein Korrosionsstrom gemessen. Das Erdöl schützte beide Proben vor Korrosion. Ab 55 °C wurde ein sehr kleiner Korrosionsstrom gemessen und erst ab 70 °C entstanden Korrosionsschäden am 1.4542.

Um noch bessere Aussagen über die Auswirkungen von Erdöl im Elektrolyt für die Spaltkorrosion treffen zu können, ist es erforderlich mehrere Messungen für jeden Erdölanteil zu machen und im Anschluss Mittelwerte bilden zu können. Somit kann eine genauere Aussage über den Einfluss von den verschiedenen Erdölanteilen getroffen werden und möglicherweise auch ein Trend für das Verhalten bei noch größeren Erdölanteilen. Wichtig ist es auch herauszufinden, ob ein Potential und wenn ja, welches Potential im realen Einsatz an der Multiphasenpumpe auftritt, um dann unter genaueren Bedingungen weitere Versuchsreihen, auch mit anderen möglicherweise geeigneten Metallen, durchführen zu können.

Anhang

- Versuchsübersicht
- Aufgabenstellung
- Laborprotokoll der Wasseranalyse
- Datenträger:
  - Fotos der Proben
  - Videos Trennung des Multiphasengemisches
  - Diplomarbeit als pdf- Datei
  - alle Diagramme zur Auswertung der Versuche

Versuchsübersicht

Nr.	Öl in ml	RFW in ml	Temperatur	Potential in mV	BezEl	GegEl
1	150	1500	RT-70°C	-450	Ag/AgCl	Platin
2	145	1450	RT-70°C	-150	Ag/AgCl	Platin
3	195	1280	RT-70°C	-150	Ag/AgCl	Platin
4	340	1700	RT-70°C	-50	Ag/AgCl	Platin
5	435	1750	RT-70°C	-50	Ag/AgCl	Platin
6	600	1700	RT-70°C	-50	Ag/AgCl	Platin
7	620	1450	RT-70°C	-50	Ag/AgCl	Platin
8	755	1400	RT-70°C	-50	Ag/AgCl	Platin
9	900	1350	RT-70°C	-50	Ag/AgCl	Platin
10	980	1200	RT-70°C	-50	Ag/AgCl	Platin
11	1150	1150	RT-70°C	-50	Ag/AgCl	Platin
12	1350	1100	RT-70°C	-50	Ag/AgCl	Platin
13	1500	1000	RT-70°C	-50	Ag/AgCl	Platin
14	1550	850	RT-70°C	-50	Ag/AgCl	Platin
15	1800	800	RT-70°C	-50	Ag/AgCl	Platin
16	1800	800	RT-70°C	0		1,4462
17	0	2000	RT-70°C	0		1,4462
18	0	2000	RT-70°C	-50	Ag/AgCl	Platin
19	285	1600	RT-70°C	-50	Ag/AgCl	Platin
20	335	1900	RT-70°C	-50	Ag/AgCl	Platin

Aufgabenstellung

Thema der Diplomarbeit für Herrn Johannes Barz:

„Untersuchung des Einflusses von verschiedenen Erdölanteilen im Formationswasser auf die Spaltkorrosion verschiedener metallischer Werkstoffe“

am Institut für Schadensforschung und Schadensverhütung (ISSV).

Beim Transport von korrosiven Medien können eingesetzte Komponenten und Bauteile des Förder- und Transportsystems, je nach Konstruktionsart, Spalte bilden. Unter bestimmten Bedingungen besteht die Gefahr des Verschleißes durch Spaltkorrosion. Insbesondere an stark beanspruchten Baugruppen kann eine Beschädigung durch Spaltkorrosion mit einhergehender Wasserstoffversprödung im Spaltgrund bei gleichzeitiger dynamischer Belastung zum schnellen und unerwarteten Ausfall der Systemkomponenten führen. Im Rahmen dieser Studie soll dieses Verschleißsystem in rotierenden Bauteilen untersucht werden.
Ein Anwendungsbeispiel für solch spezielle Verschleißsysteme findet sich in Verdrängerpumpen, wie sie zum Transport von Hydrokarbonen eingesetzt werden. Die Pumpen bestehen aus einer Vielzahl von Baugruppen bei denen, je nach Art der Beanspruchung, verschiedene metallische Materialen zum Einsatz kommen. Im Rahmen dieser Diplomarbeit soll die Spaltkorrosion zwischen einer 1.4462 (X2CrNiMoN22-5-3) Probe und einer 1.4542 (X5CrNiCuNb16-4) Probe mit Hilfe der neu entwickelte Spaltkorrosionsmesszelle (SKMZ_v2) in Anwesenheit von verschiedenen, flüssigen Phasen bei verschiedenen Temperaturen untersucht werden. Als Kernaussage der Arbeit sollen folgende Fragestellungen beantwortet werden:

1. Wie wirkt sich die Anwesenheit von Erdöl im Formationswasser auf die Spaltkorrosion aus?
2. Wie wirkt sich Betrieb (Emulsion) und Stillstand (Phasentrennung) auf die Korrosion aus?
3. Welchen Einfluss hat die Viskosität bzw. die Temperatur auf das Mischverhalten der Phasen?

Dazu sind folgende Arbeiten durchzuführen:

1. Modifikation der SKMZ_v2 für den Einsatz mit Erdöl unter folgenden Gesichtspunkten:
   a. Strikte Trennung von Erdölphase und Heizelementen!
   b. Schutz von Gegenelektrode und Bezugselektrode gegen Erdölphase.

2. Versuchsreihen - Parameter:
   a. Potential (vs. Ag/AgCl): so zu wählen, dass anodische Korrosionsströme der Mischelektrode messbar sind.
   b. Multiphase: Erdöl (Mittelplate) / Formationswasser / Argon
   c. Öl- Wasserverhältnis: steigender Ölanteil bis Korrosion komplett inhibiert ist.
   d. Drehzahl: 0 1/min - 1480 1/min
   e. Temperatur: RT-70°C

Zu dokumentieren sind die aufgetretenen Korrosionsströme, die optische Phasentrennung und die aufgetretenen Korrosionserscheinungen nach Art und **Ort**. Zu interpretieren ist der Korrosionsstrom im Verhältnis zum Phasenmischverhalten bei den jeweiligen Temperaturen und Betriebszuständen.

Abschließend ist bei dem ermittelten Öl-/Wasserverhältnis an dem keine Korrosionsströme mehr messbar waren ein weiterer Versuch mit identischen Parametern durchzuführen, jedoch nicht als Mischelektrode sondern im ZRA- Betrieb.

Umwelt- und Betriebsschutz:
Der Flammpunkt von Erdöl liegt zwischen 200-300°C, Heizstäbe und andere Heizelemente können diese Temperaturen kurzzeitig übertreffen. Unter allen Umständen ist demnach ein Kontakt zwischen Heizelementen und Erdöl zu vermeiden. Bei höheren Temperaturen ist das Gemisch sehr langsam anzuwärmen um hohe Heiztemperaturen auszuschließen. Alle Versuche bei erhöhter Temperatur sind nur unter **ständiger** Aufsicht durchzuführen. Ein Feuerlöscher muss immer griffbereit sein.
Erdöl sowie ölgetränkte Reinigungstücher sind ausschließlich in den dafür bereit gestellten Behältern zu entsorgen. Leichte Erdölspuren sind mit Terpentin zu verdünnen und mit Industriereiniger gut zu reinigen.

DR. FINTELMANN UND DR. MEYER GMBH
Chemische und biologische Handelslaboratorien

ANALYSEN
GUTACHTEN
FORSCHUNG

Institut für Schadensforschung
und Schadensverhütung
Herr Prof. Dr. Ing. Hans Hoffmeister
Holstenhofweg 85

22043 Hamburg

Ihr Zeichen : Dr.Hoffmeister
Sachbearbeiter: Frau Goschko-Schmidt -33
Hamburg, 09.07.2009

Seite : 1/1

UNTERSUCHUNGSBERICHT Nr. 184530

Betrifft : Formationswasser

Bezeichnung : 25.06.09

Eingang am : 30.06.2009 per : Kurier
Verpackung : PE-Behälter
Anzahl / Menge : 1 / 1l
Verschlußsicherung : ohne Siegel/Plombe
Beginn/Ende der Untersuchungen: 30.06.2009 / 09.07.2009

Parameter	Einheit	Wert	für 50l:
DAR Chlorid (Cl) (DIN EN ISO 10304-1)	mg/l	111000	5550g
Sulfidschwefel (DIN 38405-D 26)	mg/l	<0,04	< 2mg
DAR Eisen (Fe) (ICP-MS, DIN EN ISO 17294-2)	mg/l	8,6	430mg
Eisen(II) (DIN 38406-E 1-1)	mg/l	0,19	9,5mg
Carbonat (DEV-J 3)	mg/l	270	13,5g
DAR Sulfat (SO_4) (DIN EN ISO 10304-1)	mg/l	600	30g

Die Messergebnisse beziehen sich ausschließlich auf die untersuchten Proben. Dieser Bericht darf nur als Ganzes vervielfältigt werden. Eine auszugsweise Verwendung des Berichts ist ohne unsere Genehmigung nicht zulässig. Die Proben werden für einen Zeitraum von 3 Monaten in unseren Laboratorien aufbewahrt.
Die mit DAR markierten Parameter sind akkreditierte Prüfverfahren.

Dr. Meyer / Plettenberg / Dr. Neumann-Rengel
Dr. Fintelmann und Dr. Meyer GmbH
Chemische und biologische Handelslaboratorien